子どもと一緒に覚えたい

道草の名前

Name of the weed

はじめに

庭先や、道ばたや、公園などのあちこちに、
目を凝らしてみれば、愛らしい花が咲いています。
それは雑草と呼ばれている、小さな植物たち。

大人の役に立たないために、
あまり名前を知られていない彼らにも、
実はちゃんと名前があります。
そしてその名前を名付けたのは、大抵の場合が子どもたちです。
そのせいか、覚えやすく、ユニークな名前が多いのも特徴です。

大人にとっては食べたり、鑑賞したりできない草花は役に立たなくても、
子どもにとって雑草はとても役に立つもの。
外でままごとをする時の遊び道具であり、水に流す船であり、
誰かを驚かせる笛であり、自分を飾るアクセサリーであり、
お金を持たない小さな子どもでも、
お母さんに花をプレゼントすることができる、

そんな身近な植物です。

だから、もう一度それを見つけたときに呼ぶ名がいる。
子どもたちは大人よりちょっと背が低い分だけ、
地面近くのそのミクロな世界の植物に気づくのかもしれません。

ここに掲載したのは、よく見かけることのある、身近な道草ばかりです。
この花の名前がそんな名前だったのか、と知ることは、
科学に興味を持つ、第一歩かもしれません。

そして日々、環境に合わせて生き延びようとする
雑草たちの巧みな戦略を知れば、
こんな小さな、動かないものに、そんな知恵と力があるなんて、
と大人も驚くでしょう。

この本を通じて、あなたやお子さんが見かけたことのある
あの小さな植物について、知っていただけたら幸いです。

目次

種を運んでくれる
「虫」「鳥」「風」「子ども」

雑草には大抵の場合「相棒」がいます。それは一言で言えば、花粉や種を運んでくれるパートナーです。人間や動物のように自ら動くことができない彼らは、子孫を増やし、生命の競争に勝ち抜くために、さまざまなことをします。

例えば自ら弾けて種を遠くへ飛ばすものもいれば、種に羽のようにふわふわしたものを付けて風に乗って遠くまで飛んで行くものもいます。種においしいエサをつけてアリなどに遠くまで運んでもらおうとするものや、おいしい蜜をエサに花粉をミツバチなどにつけてもらうもの、甘い果実のようなものをつけて鳥に食べてもらい、糞に混じって遠くへの進出を成功させるものもいます。

そんな様々な方法で、自分の子孫を残そうとしている彼らにとっての一番のパートナーは、小さな子どもたちかもしれません。その証拠に、植物や昆虫たちの種類が一番多いのは、緑豊かな森の中よりも、人間が暮らす里山です。ちぎられるほどに、枝分かれし、強く根を張るのが雑草。また子どもたちが野原や公園などで遊ぶうちに、靴の裏や服にくっついて、遠くまで運ばれ、また時には可愛らしい草花を摘んで持ち帰る子どもたちの忘れ物が、遠くで花を咲かせる場合もあります。

だから道草を摘もうとしている子どもに、「お花を摘んでは可哀想」と教えるのはやめましょう。その一本の植物への興味は科学への芽生え。ひとたび足元に生える小さな存在に気づけば、大人も自分の身の回りに多様な植物が競争するように生えていることに気づくはずです。子どもはほんの些細な違いにも気がつきます。

「摘んではいけない」と教えるのではなく、何が人の手によって植えられたものか、自然に生えたものかを大人が知っていれば、もっと大らかに子どもたちの自然遊びを楽しんで眺められるのかもしれません。

VIOLET

Viola mandshurica

スミレ［菫］

スミレ科　多年草

見つけやすさ　◆◆◇

実は都会に多い花

スミレと言えば、野山などキレイな場所に
ひっそり咲く可憐なイメージ。
花も茎の部分も華奢で、摘むとすぐに枯れてしまう。
そんなことから、かよわき女性のように例えられがち。
でも実はスミレを探すのであれば、
意外にも街中の、
それもアスファルトの割れ目にこそ多い。
その理由は、かしこい虫を上手く使って子孫を残す、
スミレの戦略がある。

別名：すもうとり草
開花：春
草丈：10cm程度
分布：日本全土
花言葉：小さな愛、小さな幸せ、誠実
原産地：日本在来
生育地：道ばた、公園など

種を遠くに運ぶ2度のプロセス

スミレはアスファルトの割れ目に咲いていることが多い。なぜならその隙間の先に蟻の巣があることが多いから。そんな中、スミレの種は自ら一度はじけ飛び、1〜2mほど離れた場所に落下する。その種には蟻が好む物質がついており、蟻がせっせと一度巣に持ち帰る。その種のお弁当のようなものを食べた蟻は、もう用のない殻を巣の外に捨てに行く。その捨てた殻が種。そこで芽吹くため、蟻の巣の周辺、つまりアスファルトの隙間やなんかに生えることが多い。どんな植物も大抵の場合、親元からなるべく離れた場所に行った方が成功する。

勇者のみがくぐれる門

スミレの花弁をよく見てみると、一番下の1枚だけ白い筋のようなものが入り、違う模様になっている。これは蜂のいわばヘリポートのような目印。蜂はとても頭のいい虫だから、その目印を記憶し、またそのおいしい目印へと飛んでいける能力があるそう。これを覚えられない虫であれば、やみくもに種類の違う花の蜜を吸うため受粉は成功せず、せっかく用意した蜜が無駄になってしまう。だからスミレは頭のいい虫にしか分からないような印を付け、その奥には特別おいしい蜜を用意している。また、細い茎から花は首がもたげ、やじろべえのごとくバランスをとるような特殊な形をしている。スミレの蜜は深い場所

花

下の花弁のみ模様が違う。花自体は摘むと萎れるため、一輪挿しには少し不向き。

葉

葉は細長いハート形。この形がバランスよく、効率的に日光を集めることができる。

茎

首を傾げるような形。やじろべえのようにバランスをとることで、奥に潜む蜜を蜂以外には取りにくくしている。

にあるため、頭を深く突っ込む勇気と、バックもできる優秀な虫でなければ蜜にありつけない。スミレの構造は、勇者の門のように蜜を吸う虫を選んでいる。紫色の理由も実は蜂が一番見やすい色だ。

夏のスミレは緑色

スミレは名の通り紫色。でもそれは春の花のこと。実はスミレは2度花をつけている。花と言っても、2度目はまるでつぼみのような開かない花。夏の緑色の花を見かけても多分、それがスミレだとは気づかないだろう。花を紫色に変化させ、おいしい蜜を作るのには大量なエネルギーを使うため、2度目はこっそり自分自身の花の中で受粉する。だからスミレは都会のアスファルトに一輪だけ咲くこともできる。華奢で可憐なイメージからはほど遠い、スミレのたくましい戦略だ。

生え方

アスファルトの隙間や、街路樹の脇、電柱の根本などに目を凝らせば、案外よく生えている。

種

殻の中にぎっしり詰まった種は、弾けるように遠くまで飛ぶ。そしてあとは蟻に運んでもらうようお弁当のようなエサをくっつけている。

スミレを摘んだら

茎の部分を爪で半分に裂いて指に通せば可愛らしい指輪に。また押し花にしても綺麗な紫色が残る。別名「すもうとり草」という名前のように、2本のすみれを持ってこの曲がった部分をひっかけて相撲をとり、花が落ちた方が負け、という遊びも。一輪差しで萎れてしまったら、小さなグラスなどに水を入れ、浮かべるだけでもステキ。

スミレに似た植物

【ビオラ】

よく花壇などで見られるパンジーの小輪多花性種。花びらにある筋がスミレと同様、蜂を呼ぶためだ。

DANDELION

Taraxacum

タンポポ
［蒲公英］

キク科　多年草

見つけやすさ　◆◆◆

案外、ミステリアスな花

よく知られている道草の代表格の一つ。
それなのに案外生態について
知られていないのが、タンポポ。
朝に開き、夜に閉じること。
一つ一つの花びらのようなものに
雄しべと雌しべが一つずつついていること。
そして種類によってはクローンで増えること。
案外、発見の多い植物だ。

別名：ぐじ菜、薬菜、むじ菜、田菜、鼓草
開花：春
草丈：20～30㎝程度
分布：日本全土
花言葉：真心の愛、明朗な歌声、別離
原産地：種類により異なる
生育地：道ばた、畑、公園など

「セイヨウタンポポ」と「ニホンタンポポ」の違い

春の花の代名詞、タンポポ。でも春以外にもタンポポを見かける、という人も多いのでは？　それは大抵の場合が「セイヨウタンポポ」だ。セイヨウタンポポはその名の通り、ヨーロッパ原産。ほぼ1年中、花を咲かせ都会に多くみられる。よく道路の脇などに1株だけタンポポがあるが、それはセイヨウタンポポが他の花と交配しなくても、1株あればクローン種子を生産できるという特殊能力があるため。元々は野菜として食べられていたものを、明治時代に日本でも取り入れたが、定着せずに雑草化した。食べてみるとクレソンにも似た感じの味。ただし今は除草剤や農薬もあるので、道ばたに生えているものを食べることはあまりおすすめできない。古くは薬草としても使われていたという。そんなセイヨウタンポポに対して「ニホンタンポポ」は、日本原産の在来種。地域によって「トウカイタンポポ」「カンサイタンポポ」などあるが、それらの総称がニホンタンポポ。ニホンタンポポは、春に花を咲かせると、夏には葉を枯らせて、根っこだけで夏を越すという戦略だ。ニホンタンポポは交配しないと増えないため群集で咲いているが、セイヨウタンポポは1年中葉を生い茂らせているため、緑豊かな自然の中ではかえって生きにくく、周囲に草花が少ない日当りのいい都会の一角の方が都合がいいというわけだ。春だけに花を咲かせるニホンタンポポはセイヨウタンポポに比べると繁殖力がずっと弱いが、群

茎

空洞で軽くちぎれる。セイヨウタンポポは花の後ろの総包片が反りかえっていて、ニホンタンポポは反りかえらないので区別できる。

葉

ダンディライオンは、ギザギザした葉の部分が「ライオンの歯」のように見えることから。やわらかく、サラダ菜のようにおいしい。

花

小さな花が集まって1つの大きな花に見せている。黄色が主流だが、種類によって白なども。昔は園芸用でピンクなどもあったという。

集で咲いた後、葉を枯らし、根っこだけで生き延びるため、花を咲かせる春以外の季節には、ちゃんと日が当たる土の余地を他の植物にも分け与え、多種とも共存できる。まるで個人主義でたくましく自己主張する西洋人と、集団の中で慎ましく過ごす日本人の違いのようだ。

タンポポはかなりハイパー

タンポポは晴れた日に蕾が開き始め花が咲き、夕方、日が陰る頃になると、花を閉じている。雨の日などもそう。そして翌日、また晴れると花を開かせる、ということを繰り返す。たくさんの花弁に見えるものは、実は一つ一つが小さな花。一つずつに、ちゃんと雌しべと雄しべ、綿毛になる部分と種が付いている。最後には、綿毛になって開き、風に乗ってかなり遠くまで飛んで行ける。

生え方

ニホンタンポポは群衆で野に咲き、セイヨウタンポポは1株で街中に咲くのが特徴。

種

子どもが思わずフーッと吹きたがるほど見事に丸く白い綿毛が1日でできる。風に乗り、着地した場所で発芽する。

タンポポを摘んだら

葉の両端を切ると子どもでも簡単に「ブー」と大きな音を鳴らせる。タンポポの名前の由来には諸説あるが、茎の両端を裂いて、水に漬けると音が鳴り、それが鼓の「タン・ポンポン」というように聞こえたことから、タンポポになったという説があるほどだ。花はかわいいので女の子なら1日だけの髪飾りに。

タンポポに似た植物

【ブタナ】

タンポポより花は小ぶり。「ブタが食べる菜っ葉」から名付けられた。葉の縁に毛が生えている。

Field Horsetail

Equisetum arvense

ツクシ［土筆］

トクサ科　多年草

見つけやすさ ◆◆◆

つくしはしぶとい生きた化石

「つくし誰の子、すぎなの子」というが、
実はつくしはすぎなの子ではなく、
つくしは種で増えずに、胞子で増えるシダ植物。
春の訪れを告げるつくしの地下茎のすぎなは
別名「地獄草」だ。

別名：ツクシンボ、スギナノコ、地獄草、継ぎ菜
開花：シダ植物のため花は咲かない。
　つくしが出るのは春先
背丈：10㎝程度
分布：日本全土
花言葉：向上心、努力、驚き
原産地：日本在来
生育地：線路際、道ばた

とても原始的な仕組みの化石的な植物

ツクシは子どもにとても有名だが、スギナの名前を知っている子どもは少ないかもしれない。スギナの仲間はおよそ3億年前の石炭紀に大繁栄した植物。恐竜が繁栄する、もっとずっと前の時代から現代まで生き延びているしぶとさだ。高さ数十メートルにもなるスギナの仲間が、昔は地上に森を作り、それら先祖が化石化したものが石炭。スギナは茎と葉がハッキリ分かれておらず、非常に原始的な構造の植物だ。よく考えてみれば、あの妙な葉の形。なんだか雑草の中でもちょっと浮いている。

種で増えずに、キノコのごとく、胞子で増える

他にも変わったところは多い。スギナはシダ植物なので、花は咲かず、胞子で増える。スギナが地下茎を伸ばし、その先につながっているのがツクシ。ツクシは胞子を作るための胞子茎だ。普通の植物に例えると、ツクシは花の役割に近いが、厳密に言えば花ではない。もちろん種もない。ツクシを摘んだ時、緑色の粉のようなものが、手につくことがあるが、あれが胞子。風に乗って遠くまで飛んでいく。

茎

葉も茎もほとんど同じで区別がない。丈夫さもなく、軽く引っ張ると節で抜ける。

葉

葉にあたるのは、地表に表れているスギナの部分。いわゆる葉っぱはない。

花

シダ植物は花がない。普通の植物に例えるなら花に当たるのがツクシ。

スギナはアメリカまで伸びる？

あまりにスギナが地面深くまで地下茎を伸ばすために、昔の人は「スギナの根は地獄まで伸びている」と言うほど。アメリカまで伸びていると言う人までいて、ほとんど冗談のようだが、そのくらい地下で伸びているため根絶が難しい植物の一つと言われる。そんな割に最近、ツクシをあまり見かけないのは、それだけ地面が少ない証拠。地獄草のスギナをもってしても人間の作った固いアスファルトはつきやぶれなかったのかもしれない。

生え方

スギナの合間にニョキッと生えるツクシ。1本だけ生えるということはなく、周囲に広がっている。

種

花から受粉して種をつけるのではなく、ツクシから胞子を飛ばして増えていく。

ツクシを摘んだら

やっぱり定番はツクシ料理。スギナ部分も乾かすとスギナ茶になる。「炒めて食べよう」と摘むのも楽しい。またはスギナを引っ張って、切れた場所を元に戻し、どこで継いだかを当てるゲームも楽しめる。

ツクシに似た植物

【トクサ】

スギナの親類にあたるシダ植物で大きく育つ。表面がザラッとしており、天然ヤスリと言われる。

BIRD'S-EYE

Veronica persica

オオイヌノフグリ

［大犬の陰嚢］

オオバコ科　越年草

見つけやすさ　◆◆◆

別名：瑠璃唐草、星の瞳
開花：早春
草丈：高さ20㎝程度
分布：日本全土
花言葉：春の喜び、信頼、清らか、神聖
原産地：ヨーロッパ
生育地：道ばた、公園

花ではなく、実から名付けられた

よく公園や道端で見掛ける青くて美しい小さな花。
小さな割に目に止まるのは、
それだけキレイで可憐な花だから。
なのに名前は「オオイヌノフグリ」。
可憐な見た目に反して可哀想な名前。
何がそんなにかわいそうな名前なのか、と
ピンとこない人のために言えば、漢字で書くと
「大犬の陰嚢」。
つまり大きな犬のキンタマという意味。
花ではなく、実（種）の見た目がそう見えることから
名付けられたという。

名付け親は昔の子どもたち

外国では花びらの筋の部分の特徴を捉えて「cat's eye（猫の瞳）」や「bird-eye（鳥の目）」なんて、見た目にふさわしいステキな名前がついているのに、日本では何故よりによって滅多に見かけない実の方で名前を？ と不思議に思うかもしれない。昔の人にとって草花の基準は食べられるか、薬になるか、飾って観賞に耐えられるか。それ以外の草花は格別役に立たない雑草とひとくくりにしていた。オオイヌノフグリは見た目に美しいが、花はもろくて飾ることもできず、もちろん食べたりできない。だから最初誰も名付けなかった。大人は役に立たないものを、わざわざ名を呼んで認識する必要がないからだ。役に立たない雑草は全部同じ。でも子どもたちは違う。自然のものすべてを遊びにしてしまうから、よく見かけるものには名前を付けたくて仕方ない。しかもこれだけ可愛い花のことだ。でもよく見たら…「あ、この花の種、犬のキンタマみたいだぜ！」なんて声が聞こえてきそう。今も昔も、子どもの最高のギャグは下ネタに違いない。

わざと揺れて花粉をつける

オオイヌノフグリは、地を這うように生え、花ももろい。一見、弱々しそうで守るべき存在のようだが、これもしたたかな戦略の一つ。スミレのように、花びらの真ん中に筋が入っているのは

茎

蔓ほど強くなく、絡んだりはしないが、花のサイズの割には横へ長く伸びていく。よく揺れる構造。

葉

小さなミントのような形をした葉は、花に対して数も多く、たくさん連なって生えている。

花

属名はベロニカ。花びらの中にキリストらしい顔が見えるとか。雄しべ雌しべはむき出しだ。

蜜が花の中央にあることを示すサイン。ハチがそれを見て蜜を吸おうと止まると、茎がグラグラして揺れ、花びらも簡単にパラリと落ちてしまう。そうこうしている間に、ハチの体に花粉がたくさんついて、受粉しやすい。また子どもたちに摘まれるほどに可愛く、でも摘む際に揺れるので、そこでも受粉しやすい。もし受粉ができなかった場合、最終的には、自らの雄しべと雌しべをくっつけて受粉をする。だから周りに仲間がいなくても平気。可憐で、強い花だ。

生え方

春になると公園や草むらなどに、他の花と一緒によく密集して数多く花をさかせて生えている。

種

名前の由来となっているのが、この種。ぷっくり膨らみ、少し毛が生えているような見た目だ。

オオイヌノフグリを摘んだら

見た目には指輪にしたり、一輪挿しにしたいところだが、花びらがもろく、すぐに落ちてしまうため不向き。それよりは「外国では猫の目って呼ばれているんだよ」や、「花の中に人の顔が見えるんだって」「この筋が蜜がある印」なんて教えてあげれば、じーっと目を凝らして見るだろう。

オオイヌノフグリに似た植物

【フラサバソウ】

見た目も生態もオオイヌノフグリと似ている仲間。ただ発芽時期が遅く、葉に毛が生えている。

WHITE CLOVER

Trifolium repens

シロツメクサ［白詰草］

マメ科　多年草

見つけやすさ ♦♦♦

別名：クローバー、馬肥し
開花：春～夏
草丈：5～15cm程度
分布：日本全土
花言葉：約束、復讐、私を思って
原産地：ヨーロッパ
生育地：公園、道ばたなど

「花」と「葉」で別名を持つ道草

花はシロツメクサ、葉の方をクローバーと使い分けて呼ぶ人が多いが、クローバーはシロツメクサの英語。「四つ葉のクローバー」という言葉があるため、葉のことだけを英語でクローバーと使い分けて子どもまで呼んでいるのかもしれない。

花と葉をわざわざ別名で呼ばれる道草は珍しい。

まるでふかふかのクッション

もっともよく見かけ、広く知られている道草の代表格のようなシロツメクサ。公園などにもたくさん生えているため、良く知っているような気がするが、案外知られていないこともたくさんある。例えば名前の由来。漢字で「白詰草」と書くのは、江戸時代にオランダからガラス製品を持ち込む際、割れないようにと箱の中に敷き詰められたことから「詰め草」と呼ばれるようになった。早春に小さなシロツメクサの葉がたくさん生え始めるが、それを手で押してみると、その弾力性に驚かされるはず。まるで自然の絨毯。シロツメクサの上に寝転ぶととっても気持ちがいいのはそのためだ。その後、明治時代になると牧草として導入され、日本全土に広がった。馬やウサギはニンジンが好き、と思われているが、案外、そこに生えているシロツメクサの方が好きな場合もあるほどだ。

虫たちを呼ぶため、長く咲いているように見せるワザ

丸く愛らしいシロツメクサの花をよくみると、それは1つの花ではなく、花弁のように見えるものが、1つ1つの小さな花で、それが集まり、大きな花に見せている。そうすることで遠くからでも虫などが見つけやすく、また長く咲いているように見せることができる。よく、下の方が枯れていて、上の方はまだ白

茎

茎はとても丈夫で、しなやか。踏まれても、曲がっても、ポキッと折れずに、生き延びることができる。花かんむりにしやすいのもそのため。

葉

クローバーと呼ばれているのが、シロツメクサの葉。三つ葉が通常だが、時々、変異で四つ葉が生まれる。

花

一つ一つにめしべとおしべが入っている小さな花が束になって1つのブーケのようになっている。

いシロツメクサの花を見かけることもあると思うが、そうやって順番に咲いていくことで、長く虫を待つことができる。大きな花を一つつけるよりも、小さい花をまとめて一つに見せる方がずっと効率がいいという訳だ。

幸せは踏まれて育つ?

シロツメクサの特徴は丈夫さ。頑丈に高くのびるよりも、やわらかく丈夫で地を這うような生き方だ。だから詰め物にも向き、子どもが花かんむりを作っても茎がちぎれることがない。幸せの象徴「四つ葉のクローバー」は、突然変異、または成長過程で踏まれることで傷つき、生まれることが多いそう。だからもし四つ葉のクローバーを探すなら、キレイにたくさん生えている場所よりも、人が通りそうな場所の方が見つかるとか。幸せは案外踏まれて育つ、のかもしれない。

種・四つ葉

種は小さくてなかなか普段は見かけることはできない。四つ葉は一種の奇形のため、大体同じ場所で見つかることが多い。

生え方

公園や河原など、広い場所で群衆になって広がる。園芸でグランドカバーとして使われるほど。

シロツメクサを摘んだら

シロツメクサの代表格といえば、花かんむり。茎がとても丈夫で、強いため、子どもでも自分で花かんむりを作ることができる。「たくさんお花を摘んだから可哀想」と制止するお母さんもいるが、道草の花は、むしろ子どもに遊んで摘まれるくらいの方が広がって行く。子どもが時々、草花を摘んでミツバチや蝶の代わりになっていると思って、あまりナーバスにならず、思う存分摘ませてあげてほしい。

シロツメクサに似た植物

【カタバミ】

よくクローバーと間違われることが多い。葉がハート形なのがカタバミだ。

FALSE STRAWBERRY

Duchesnea chrysantha

ヘビイチゴ［蛇苺］

バラ科　多年草

見つけやすさ ◆◆◇

特に毒はないが、おいしくもない

あまりに実の色が赤々としていて、
別名「毒いちご」と呼ばれることから、
よく毒があると間違えられているが、
まったく毒はなく、
ただ食べてもおいしくない、というだけ。
ヘビが食べるからでもなく、人間が食べないイチゴ、
ヘビがいそうな薮や日陰などにも生えるため、
そう名付けられた。
ビーチコーミングさながら、
公園で赤い実を探して歩くのも楽しい。

別名：毒いちご、くちなわいちご
開花：春～初夏
背丈：10cm程度
分布：日本全土
花言葉：可憐、小悪魔のような魅力
原産地：日本在来
生育地：田んぼのあぜ、公園、野原など

ヘビが食べるイチゴ？

草むらでも小さな赤い実が目立つヘビイチゴ。一度目にすれば、思わず摘んでしまいたくなる雑草の一つだ。別名も毒イチゴなんて名前から、毒があるとよく誤解されている筆頭に上がる雑草の一つだ。特に年配の人ほど毒があると思っており、「触っちゃだめ」なんて言う人もいる。人間の役に立たない雑草はよく動物の名前がつけられることが多いが、これもその一つ。野いちごなどがおいしく食用にできるのに対し、こちらは食べても美味しくないため、人は食べないけれどヘビなら食べるかもしれない（ヘビが出そうな場所に生えることから）ヘビイチゴと名付けられたと言われている。ヘビ＝毒のあるもの、または毒々しい赤色からも、毒がある、と誤解されやすいのかもしれない。

毎年、大体同じ場所にできる

野いちごなどは山間の薮の中などにあるのに対し、ヘビイチゴは割とどこにでもあり、公園の日陰の場所や、田んぼの畦、野原の湿った場所などにあることが多い。多年草なので、もし生えている場所を知っていたら、来年もまた同じ場所にヘビイチゴがなっている可能性が高い。もし子どもがヘビイチゴ探しに夢中になったら、「きっとこっちに生えていると思うよ」と教えてあげよう。「毎年ヘビイチゴのなる場所はさながら親子だけの秘密の花園。ありかが分かるお母さんは自然学者のようだ。

茎

茎は伸びていき、地面や壁を這う特性があり、種である実を遠くへ伸ばす。

葉

イチゴにそっくりな、バラ科特有の三つ葉が特徴。葉は密集せず、茎の合間にパラパラ生える。

花

イチゴの花が白いのに対して、ヘビイチゴの花は黄色。花びらは小さく離れている。

色で知らせて アブでも受粉できるような工夫

花も非常に可愛く、菜の花のような真黄色。春先の野の花は黄色い色をしているものが多いのは、まだ気温の低い時期に活動している虫がアブで、アブは黄色を好むため。ただアブはミツバチほど賢くないため、同じ花が覚えられず、手当たり次第に蜜を吸うため、花粉を無駄にしないよう、まとまった場所に花を咲かせている。頭の悪いアブのために、色々と考えている道草の賢さに恐れ入る。

生え方

地面すれすれの場所に生えていることが多い。一つの株で数個の実をつける。

種

真っ赤な見た目から鳥などに見つかりやすく、動物や人間に取ってもらいやすい。

ヘビイチゴを摘んだら

真っ赤な実で小さな子どもにも見つけやすく、地面の低い位置に生えているため、単純にままごと遊び感覚で、摘んで集めるのが楽しい。山の付近なら、野いちごと比較するのも面白い。

ヘビイチゴに似た植物

【野いちご】

よく似ているのがクサイチゴ。写真のナワシロイチゴともにヘビイチゴと異なり美味しい。

NARROW-LEAVED VETCH

Duchesnea chrysantha

カラスノエンドウ

［烏野豌豆］

マメ科　年越草

見つけやすさ ◆◆◆

猛烈な繁殖力のソラマメの仲間

最近、よく見かけるカラスノエンドウ。
エンドウと言いながら、実はソラマメの仲間。
簡単に増えることから、
一角のすべてを埋め尽くすほどに
繁殖する場合も。

別名：ピーピー豆、ヤハズエンドウ、ノエンドウ
開花：春から初夏
背丈：30〜100cm程度
分布：日本全土
花言葉：絆、小さな恋人たち、未来の幸せ
原産地：日本在来（地中海原産）
生育地：道ばた、公園など

実は「カラスのエンドウ」ではなく、カラス色の「ノエンドウ」

カラスノエンドウという名前を聞いた人の99%は「カラスのエンドウ」の意味だと思うだろう。人間が食べるエンドウ豆によく形が似ていて、でも小さくて人間があまり食べないから、カラスでも食べるエンドウ、名付けてカラスのエンドウ…ではない。実は「野エンドウ」がベースで、熟したサヤが真っ黒になることから、カラスが付いた。似た仲間に「スズメノエンドウ」というのもあるが、それはカラスノエンドウよりも小さいのでスズメと名付けられ、さらにこの2種類の中間のサイズのものは、カラスとスズメの間、ということで「カスマグサ」(カとスの間の草)。なんだか適当な名前だが、それも雑草の面白さかもしれない。

アリに甘い蜜を与えて用心棒として雇う戦略

カラスノエンドウのスゴイところは「花外蜜腺」というものを持ち、本来、花の奥にある蜜を、花と茎の付け根の部分から出す。そうやってアリを呼び寄せ、アリたちに蜜の報酬を与えることで、用心棒の役割をさせている。例えば毛虫やアブラムシなど葉や茎を齧る害虫がよじ上って来ても、アリが大事な蜜を守るため、そこにいて追い払ってくれる。なんて賢い!

茎

細くしなやかで断面は四角。つるのようなものを伸ばして、巻き付いていく。

葉

小さく細長い葉が均等に、左右ほぼシンメトリーになってたくさん生えている。

花

全体の背丈に対して花は小さく、ピンク色の愛らしい蝶形花を咲かせる。

古代には地中海で栽培されていた

こんなに公園などにモジャモジャ生えているカラスノエンドウだが、昔は地中海では食用に栽培されていた。言われてみれば茎も葉も柔らかく美味しそうだ。今、公園にあるものは除草剤などがかかっている恐れがあるのであまり食べることはおすすめしないが、いざとなれば食べれる食材、として覚えておくのもいいだろう。このように「本気になれば食べられる」雑草は多い。食料危機に備えて、花壇にパンジーを植えるより、食べられる雑草をそのまま生やしておくのも案外いいかもしれない。

カラスノエンドウを摘んだら

サヤをたくさん集めてお料理ごっこなどのおままごとにも使える。または種を取り除いて、両端を切ると「ピーピー」と音が鳴る笛にもなる。

カラスノエンドウに似た植物

【スズメノエンドウ】

カラスノエンドウよりも小さく、花は白い。葉は細長く、種が入っているサヤも小さい。

生え方

サヤが熟すと自然とバラバラと種が落ちるため、土のある場所に群集になって生える。

種

エンドウ豆のようにサヤの中に種が入っている。サヤは種が熟すとカラスのように黒くなる。

HENBIT

Lamium amplexicaule

ホトケノザ

［仏の座］

シソ科　越年草

見つけやすさ ♦♦♦

春の七草の「ホトケノザ」とは別物

春の七草の「セリ、ナズナ、ゴキョウ、ハコベラ、ホトケノザ、スズナ、スズシロ」と詠われる七草を集めて、七草がゆに……という時、間違えられて入れられるのがこの花。

七草がゆに入れる「ホトケノザ」はキク科のコオニタビラコのことで、丸く広げた花びらが仏の蓮座に例えられた。

では、こちらのホトケノザはと言えば、3段階になった葉の部分が蓮座のよう。

食べても毒はないが、茎は角張って固く筋があり、苦みがありおいしくない。

ただ花の奥の部分には蜜があり、花を取って蜜を吸うとおいしかったりする。

別名：三階草
開花：春～初夏
草丈：高さ10～30cm
分布：北海道を除く日本全土
花言葉：調和、輝く心
原産地：日本在来
生育地：道端、畑

変わった花の形はハチ以外に蜜を取られないため

細長く伸びて、パカッと口を開けているような形。この細長い先に蜜があるため、アブなど不器用な虫には到底蜜を吸うことはできない。ホトケノザが蜜を吸ってほしいのはハチだ。ハチは頭が良く、ちゃんとおいしい蜜の味を覚えて同じ花を回るため、受粉率が高くなる。そこで編み出したのがこの形。花びらの上の線はハチを奥へと誘導するためのもの。下の花びらはここに止まって下さい、の合図だ。大きな虫では到底止まれるほどのサイズではなく、ガサゴソやれば花もぐにゃっと曲がってしまい、うまく蜜を吸うことができないが、ハチは空中でホバリングして静止できるため、この花の奥にある蜜を吸うことができる。そして下から来る虫は、茎を上ってもねずみ返しのような葉を3回も突破しなければ花に辿り着けないという仕組みだ。

最終的にはハチさえもいらない

長い花を咲かせることも蜜を作ることも、植物にとっては体力のいること。しかも万が一ハチが飛んでこなければ、その策略は失敗に終わる。ところがホトケノザは最終的にハチが飛んでこなくても、自分自身で受粉することもできる。葉っぱの上でチョコンと丸まったつぼみのようなものは、花を咲かせた後に

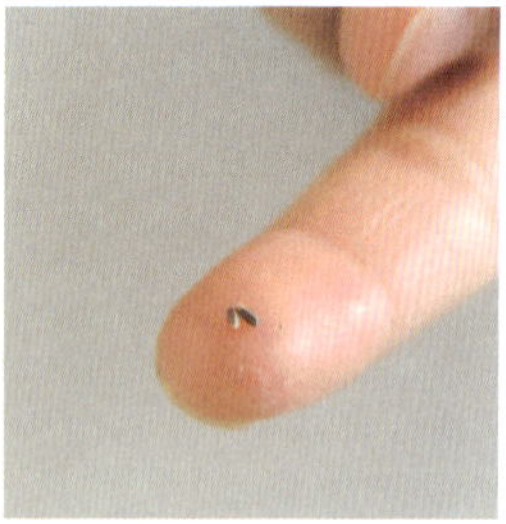

種

種にはスミレと同じ、アリが好む物質がついており、アリが種ごと巣穴まで運んでくれる。

葉・茎

茎は四角く頑丈で、葉が生える場所が決まっており、3階建てのビルのようになっている。

花

花は唇形花と呼ばれるもので、見た目が面白いので、虫メガネで見るのもおすすめだ。

できる2度目の花、閉鎖花だ。その中で受粉し、年を越し、また来年もその同じ場所に花を咲かす。種子にはスミレ同様、アリが好むエライオソームがあるため、アリが種を運んでくれる。コンクリートと土の境目などにも多くみられるのはそのため。結構、丈夫なので一輪挿しにして自宅で観察してもいい。

ホトケノザを摘んだら

花びらを軽く摘んで引っ張ると、スッと抜ける。その奥をチューチュー吸うと、甘い蜜の味。子どもにそのことを教えてあげれば、当分の間、ミツバチのごとく蜜探しに夢中になるだろう。

ホトケノザに似た植物

【ヒメオドリコソウ】

原産ヨーロッパの外来種。戦略がホトケノザと同じため、似た場所に生えており、一見、見た目も似ている。

【コオニタビラコ】

春の七草で言われる「ホトケノザ」はこちらの方。タビラコにも種類が色々あるので図鑑などで見比べるのが無難。

生え方

アリが種を運ぶため木の根もとや街路樹に多い。種がパラパラとこぼれるため大体まとまって咲いている。

PHILADELPHIA FLEABANE

Erigeron philadelphicus

ハルジオン

［春紫苑］

キク科　多年草

見つけやすさ ◆◆◆

荒れ地にも咲くたくましい花

ぺんぺん草も生えない、と言われる
荒れ地に生えるのがこのキク科の雑草。
別名「貧乏草」などと言われるように、
手入れせず荒れ果てた土地に
ポツンと生えていたりする。
また非常に似た道草で「ヒメジョオン」もあり、
その違いは花の色ではなく、
茎が空洞なのがハルジオン。
この2つを間違える人がとても多い。

別名：貧乏草、貧乏花
開花：春〜夏
背丈：30〜60㎝
分布：日本全土
花言葉：追想の愛
原産地：北アメリカ
生育地：道ばた、空き地

園芸用植物として持ち込まれ、花壇から脱走して雑草化した花

ハルジオンの学名の小種名は「フィラデルフォカス」という、かなりいい感じの名前。その名の通り、もとは北米のフィラデルフィアの大地に咲いていた野の花。日本には大正時代に園芸用として輸入されたものだ。

別名「貧乏草」の由来

もともと観賞用だったくらい可愛らしい花なのに、どうして別名が「貧乏草」なんて名前になったのかと言えば、種がタンポポのように風で運ばれて、庭をほったらかしにしておくと、すぐに生えてくるため、手入れしていない土地の象徴に。よく荒れ地のことを「ぺんぺん草も生えない」なんてよく言うが、実のところ本当のぺんぺん草（なずな）はあまり荒れ地には生えず、荒れ地に真っ先に咲くのが、ハルジオンをはじめとするキク科の雑草。水もなく、固い地面でも、ぐんぐん伸びているのは大抵キク科だ。草もない荒れ果てた地に1本だけ咲いているさまも「貧乏草」のゆえん。折ったり、摘んだりすると貧乏になる、なんて言われているが迷信なので心配なく。

ハルジオンをあちこちでよく見かける訳

茎

茎にも毛があり、中が空洞なのがハルジオン。茎の中が詰まっているのがヒメジョオンだ。

葉

葉は茎を包み込むように生えているのがハルジオン。うっすらうぶ毛のようなものも生えている。

花

細かい花びらが広がっている。つぼみはうなだれているような姿のことも多い。色はピンクか白。

実際にはそれほど数が多い訳ではないが、よく見かける気がするのは空き地などにポツンと咲いており、また背丈もあることから遠くからでも見つけやすいため。またとてもよく似た植物にヒメジョオンがある。この2つを同じものと思っている人は多く、よく見かける、と思うのもそのせいかもしれない。どちらも色はピンクも白もあり、色の違いが種類の違いではない。ヒメジョオンが1年草なのに対して、ハルジオンは多年草。タンポポのようにロゼッタ状に葉を広げて冬越ししている。茎や根も丈夫なので、冬越しをして綿毛であちこちに増えていく。見た目に反して、あまりありがたくない雑草だ。

ハルジオンを摘んだら

野菊に似た愛らしさなので、子どもが摘んできやすい花の一つ。花瓶に差して飾るのもいい。ただし花粉が頻繁に落ちるので食卓の上に飾るのは不向きだ。

ハルジオンに似た植物

【ヒメジョオン】

見分けポイントは花の色ではなく茎とつぼみ。茎が細く毛がなく、シャキッとしたものがヒメジョオン。つぼみも上を向いている。

生え方

集団で生えるというよりは、単独で生えていることが多い。草地でも荒れ地でもあまり場所を選ばない。

種

タンポポなどと同じように綿毛になって種を風に乗せて遠くへ飛ばして陣地を広げる。

GIANT BUTTERBUR

Petasites japonicus

フキ［蕗］

キク科　多年草

見つけやすさ　◆◇◇

コロポックルが住む葉っぱ

アイヌ民謡に登場する、コロポックルは、
アイヌ語で「フキの下の住人」という意味。
もっともそれは
長さ2メートルもあるような
大型の秋田フキのことで、
都会で見かけるフキの下には
なかなか住めそうにない。
春の訪れを表す、ふきのとうは
天ぷらにすると美味しい。

別名：ふきのとう
開花：早春～夏
背丈：30～80㎝程度
分布：日本全土
花言葉：愛嬌、待望、仲間
原産地：日本在来
生育地：土手、野山、公園など

ふきのとうには実は「オス」と「メス」がある

フキとふきのとうを別物と考えている人もいるが、フキの若い花芽が、ふきのとう。あの独特の苦みが大人にはたまらない。そんなふきのとうには、実はオスの株とメスの株がある。株でオスとメスが異なるものが存在するのは珍しい。ちなみにオスの株は花粉をつけるため黄味がかった花を咲かせ、メスの株は白っぽい花を咲かせる。オスとメスは大体近くに生えており、メスのみが種をつけたら、綿毛を遠くへ飛ばすため風に吹かれようと茎をぐんと伸ばす。

雨水を集める葉の形

フキの葉はふきのとうの地下茎からつながって生えてくる。フキはとても水分を好むため、広げた葉っぱで雨水を集めやすい形をしている。葉が真上を向いているのもそのため。雨が降ったら葉脈に沿って雨水を切れこんだような部分へ集めて注ぎ、根本へと水を流し込む。ちなみに葉や茎は灰汁を抜くと美味しく食べられるが、地下茎は有毒なため間違っても食べないように注意したい。フキの味は子どもには難しいかもしれないが、お手伝いとしてフキを摘んでもらうのもいいだろう。大きな葉をお皿に見立てて料理をのせたりしても喜ぶだろう。

茎

中は空洞で水分をたくさん含み、筋張っている。茎にも肝毒性があるが灰汁抜きすれば食べられる。

葉

大きく真上を向く葉っぱは雨水を集めるため。最終的に凹みへ向かって雨水を根本へ流す。

花

天ぷらなどでよく見るふきのとうはつぼみの状態。そこからこんなふうにたくさんの花が咲く。

もし紙がなければ、この雑草で…

フキは山へ行かないと見つからないイメージがあるが、案外、都会の公園などにも生えている。葉は柔らかく、昔はお尻を拭くのにも利用したことから「拭き」に由来してフキと名付けられたのでは、という説も。もしもトイレに駆け込んだら紙がないなんて大ピンチがあったら、いざとなればフキの葉で…。それは冗談としても、それほど身近に何処にでもフキがあった時代が懐かしい。

生え方

水辺や沼地、水分をたっぷり含む道端の日陰などに大体密集して生えている。

種

綿毛になって風に乗って飛んで行く。この様子を見て、フキを連想する人は少ないだろう。

フキを摘んだら

大きなフキを摘んだら、傘に見立てて遊びたい。または木の実を包むのにも使える。

山間などでたくさん生えていたら、灰汁抜きして食べてみる経験もしてみたい。

フキに似た植物

【ツワブキ】

庭園などによく植えられている。形は非常に似ているが、葉がもっと固く、ツルツルしている。

Houttuynia

Houttuynia cordata

ドクダミ［蕺草］

ドクダミ科　多年草

見つけやすさ　◆◆◇

役に立っ嫌われ者

一見すると美しい花も、
近づいてみると独特の臭いで嫌われる。
でもドクダミは昔から日本人に使われて来た
馴染み深い和製ハーブ。
ドクダミなんて名でも、毒はない。
その生態もちょっと変わっている。

別名：十薬、どくだめ、へぐさ、へびぐさ、
地獄蕎麦、地獄花
開花：初夏
背丈：30～50cm程度
分布：日本全土
花言葉：野生、白い追憶
原産地：日本在来
生育地：公園、家の裏の日陰、林など

とても臭い花。でも薬効がある

半日陰を好み、強い臭いを放つドクダミ。ほっておくと地下茎でどんどん増えてしまうことから、何かと嫌われがちな存在だ。臭いが立ちこめることから昔は「しぶき」と呼ばれ、英名では「魚の草」とも呼ばれている。草から魚の臭いがするなんて……どれほど嫌われているかが分かる。ドクダミの名前の由来は「毒溜め」や「毒止め」「毒痛み」など言われ、何らか毒を止めたり、痛みを消したりなどの効能があると信じて使われてきた。実際に利尿効果が強いため、今でいうデトックス効果もあるようだ。その他、毛細血管を強くしたり、動脈硬化や高血圧を予防するとも。英名で「心臓の葉」と呼ばれるなど、もはや雑草と呼ぶには忍びないほど。別名の「十薬」は10の薬効があることから由来している。よく馬などの家畜にも食べさせたという。

変わった形の花ではなく、あの白い花びらは実は偽物

一度見れば忘れないドクダミのフォルム。ドクダミの白い花びらのようなものは、実は花びらではなく、葉が白く変化したものだ。花はその真ん中にある柱のようなフサフサの部分。よく見れば、小さな花が細かく咲いている。花びらに見せかけた葉は日陰の薄暗い場所でも目立つことで虫をおびき寄せるためかと思われるが、実際はよく分からない。ドクダミは正常な生

茎

ツルのように壁をはったり、伸びていく性質を持つ。それほど太くないが、割と丈夫。

葉

いわゆる葉っぱらしい葉は、ハート形のキレイな形。姿かたちのバランスはカッコいい。

花

花は真ん中の黄色の部分のみ。白い４枚の花びらのようなものは葉が変化したもの。

殖ができず、地下茎で伸びて増えるため、花粉で受粉せず、セイヨウタンポポと同様にクローン種子を作る。薄暗い場所に咲き、切っても切ってもわさわさと増えてくる。おまけに臭い。この得体の知れないゾンビな感じが、地獄花のゆえんかも。海外では「トカゲの尻尾」「カメレオンの植物」などとも呼ばれている。とっても役に立つ薬草にも関わらず、この言われよう。どこまでも影がある、アウトサイダーな道草だ。

ドクダミを摘んだら

嫌われもののドクダミでも、こんなふうに水に浮かべてしまえば案外キレイ。外回りの飾りなどにするとオシャレだ。ドクダミ茶は子どもには難しい味。

ドクダミに似た植物

【タチツボスミレ】

花自体はまったく似ていないが、芽吹きの頃の葉の形などは似ていて間違える人もいる。

生え方

地下茎で増え、群生で生える。場所は半日陰の湿った場所を好むため、うっそうとした雰囲気。

種

小さな花を咲かせた後、一応種を作るが、種で増えるというよりは、地下茎で増えていく。

Showy evening primrose

Oenothera speciosa

ヒルザキツキミソウ

［昼咲月見草］

アカバナ科　多年草

見つけやすさ　◆◆◇

観賞に耐えうる美しい花

美人薄命、とよく言うが、
美しいこの花の命も1日、2日と短い。
そもそも今はほとんど見かけない「月見草」は、
夕方から純白の花を咲かせ、
夜更けにピンク色に変化し、
朝にはしぼんでしまうもの。
このヒルザキツキミソウは、
儚さはそのままに昼に咲く。
花は昼間の薄い月を見上げているようだ。

別名：エノテラ
開花：初夏
背丈：30～50㎝程度
分布：日本全土
花言葉：固く結ばれた愛
原産地：北アメリカ
生育地：河原、道ばた、空き地など

昼に咲くのに、月見草？

ヒルザキツキミソウ。昼に咲くのに月見草という、このパラドックスのような不思議な名前の由来は、もともとの「月見草」がベースとなっている。月見草は夜に咲き、朝にはしぼむのに対して、この種類は同じ仲間でも昼に咲くため、月見草の昼咲きバージョンとして名づけられた。昼に花を咲かす方が植物としては普通なのだが、月見草が基準でどうにもまどろっこしい名前になってしまった。今ではその元となった月見草の方が姿を消してしまい、こちらの方が多くなってしまったため、これを月見草と思っている人もいる。

学名はズバリ「美しい」。もとは園芸種だった花

雑草とは思えないほどキレイな花なので、一瞬、道ばたに咲いていても「誰かが植えたのでは？」と摘んでいいのかをためらってしまうほど。実際、最近の河原や公園では人の手によって植えられた園芸種が花壇の外にも生えて自然に増えている。このヒルザキツキミソウももとは園芸種として輸入されたが、見た目に反して繁殖力が旺盛なので、花壇から逃げ出して野生化したタイプだ。丈夫で乾燥にも強く、栽培も容易。実は雑草をいざ育てようとすると結構難しいものだが、このヒルザキツキミソウに限っては栽培もしやすい。もとは園芸種なので当然と

茎

真っすぐにすっと伸びた茎の先に花が咲く。ほとんど枝分かれせず、スラリとした印象。

葉

花のサイズや茎の長さに対して葉は小さく、下の方についている。葉の枚数も少ない。

花

花は大きく咲き、花びらは薄い。開いた花の中央には揺れただけでこぼれるほどの花粉がたっぷりついている。

言えば当然だ。

蜜泥棒のプロにも きっちり花粉をつける

人間からは花の相棒として愛されている美しい蝶は、実のところ花にとっては厄介な昆虫。足が長く、花粉をつけずにストローのようなもので蜜だけを吸っていく蜜泥棒のタダ飯食い。でもヒルザキツキミソウの大きく薄い花びらは揺れやすく、長い雄しべにたっぷり花粉をつけているので、そんな蝶にも花粉をしっかり運ばせる。その堅実な戦略も相まってか、最近では勢力を伸ばしている。

生え方

風に揺れてパラパラと種を周囲にこぼすため、さほど散らばらず、まとまって日向に咲いている。

種

花がすぐに終わり、種はつぼみのような状態に留まっているため、割と簡単に入手できる。

ヒルザキツキミソウを摘んだら

花を持ち帰って花瓶などにいけて楽しんだ後、種になるのを待ち、庭にまいてみるのも楽しい。普通の花なら萎れてしまうような陽射しのキツい場所がおすすめだ。

ヒルザキツキミソウに似た植物

【マツヨイグサ】

現在の月見草と言えばこれ。夕方から夜に咲き、明け方に萎む。蝶ではなくワインに似た香りでスズメガを呼ぶ。しぼむと赤くなる。

Wood sorrel

Oxalis corniculata

カタバミ

［片喰、酢漿草］

カタバミ科　多年草

見つけやすさ　♦♦♦

たくましい雑草の代表格

小さく可愛らしい花。
四つ葉のクローバーにも似たハート形の葉っぱ。
愛らしさに満ちたカタバミは、
こうみえて、結構たくましい。
武家の家紋にカタバミが使われることがあるのは、
そのたくましさと子孫繁栄を願ってのこと。
種類も数も非常に多い雑草界の成功者だ。

別名：黄金草、鏡草、銭磨き
開花：春〜秋
背丈：10〜30㎝程度
分布：日本全土
花言葉：輝く心、喜び
原産地：日本在来
生育地：道ばた、畑など

夜には布団にくるまって眠る

花は可愛らしく、葉も八ート型で、子どもも大人も大好きなカタバミ。漢字で「片喰」と書くのは、夜になると葉はピタリと半分に閉じてしまうため。そうやって半分に見えることから、「片喰」と名付けられた。夜になると花はくるりと筒状に丸まる。まるで人間の生活リズムのように、日が出れば開き、夜には閉じる。雨などの場合も閉じて我が身を守る賢い雑草だ。柔らかな葉の割に、無傷な状態が多いのもそのためかもしれない。また葉は酸性で酸っぱいため、動物もあまり好んで食べない。

雑草界きってのキレ者 子孫繁栄のための周到な戦略

雨や夜に閉じて寒暖差や雨などから身を守るすべに加えて、子孫の増やし方においてもカタバミはなかなかのやり手。カタバミは家紋によく使われるほど、たくましく、強い象徴。その由来は、まずその繁殖力の強さだ。摘んでも絶やすことが難しいことから、子孫繁栄のモチーフとなった。どうしてカタバミはそんなに増えやすいのかと言えば、まず種の仕掛けにある。クローバー同様、茎で横に伸びて周囲にじわじわ広がっていくのに加え、種はパチパチと弾け飛び、さらに遠くまで飛んでいく。細長い実の中には種が詰まっており、何かがそれに触れると

茎

クローバー同様、柔らかく、踏まれても折れない。地面に張って伸びていき、陣地をじわじわ広げる。

葉

よくクローバーと間違えられがちなカタバミの葉。ハート形なので押し花などにもよく使われる。

花

花びらは5枚、キレイに開く。夜と雨天にはこの花をまるでパラソルのように細長く畳んで閉じる。

弾け飛ぶ仕組みだ。さらにその種には粘着質なものがついており、近くに犬や人が通りかかって弾け飛んだ種が体や靴について遠くまで運ばれる。これなら動物や人間が摘もうとしても、草刈り機で刈ろうとしても、子孫は残せる。可愛らしいその見た目も、もしかすると人間を近くにおびき寄せ、種をつけさせるための戦略だとしたら…そもそも可愛らしいので駆除されずに放置されるケースも多い。一度生えたら夜には葉を折りたたみ、しっかり体力を温存する。そう考えると雑草界きってのキレ者かもしれない。

生え方

集団で生えている。場所を選ばず、公園にもアスファルトの割れ目にも、あちこちで見られる。

種

サヤが縦になった格好。ちょっとした接触や刺激で弾け飛ぶ。飛距離は数メートルと言われる。

カタバミを摘んだら

カタバミの葉で10円玉をこすってみよう。酸性でピカピカの新品に大変身！子どもも喜ぶ遊びだ。

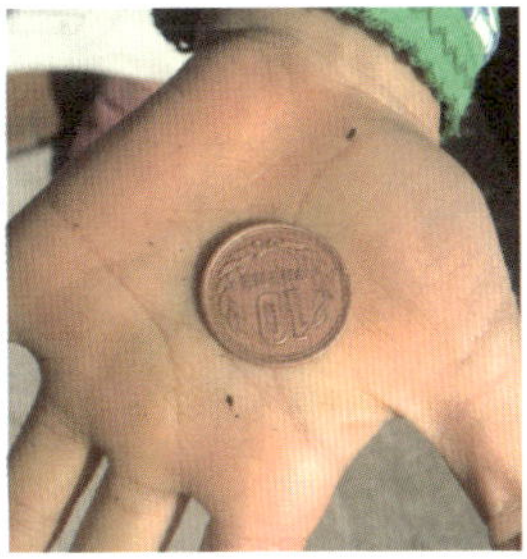

カタバミに似た植物

【カタバミの仲間】

カタバミは種類が多い。黄色じゃなくても、紫色の ムラサキカタバミやイモカタバミ、白いものもいる。

ASIATIC DAYFLOWER

Commelina communis

ツユクサ
［露草］

ツユクサ科　一年草

見つけやすさ　◆◆◇

儚そうでいて、かなりしたたか

露草、という美しい和名や、
その小さく控えめな青紫の花や、
均整のとれた葉の形から、
何となく「日本のわびさび」「儚さ」を
感じてしまう。
実際、朝に咲いて昼にはしぼんでしまう。
そんな儚さの反面、
隠れた、あの手、この手。
一見大人しそうで、したたかな女性に似ている。

別名：帽子草、帽子花、鈴虫草、蛍草
開花：夏
背丈：30〜50㎝程度
分布：日本全土
花言葉：尊敬、懐かしい関係
原産地：日本在来
生育地：田畑、公園、道ばたなど

朝露のように儚い存在？

帽子や鈴虫に例えられるツユクサの花は朝に咲いて、昼にはつぼむ。まるで朝露のように儚いものと思われてきたが、けしてそんなことはない。花のまわりを囲んでいる葉の奥には、何日分もの花のストックが用意されている。枯れたらまた次から次へと毎日花を繰り出して、なんだかんだと夏の間中ずっと咲き続けている。……さながら花の自動販売機のようだ。

水陸両用。案外、増えやすい

ツユクサは見た目に反して図太く、再生能力もスゴイ。普通の植物なら切られれば、切られた上の部分は枯れてしまうものだが、ツユクサは茎の真ん中で切り落としても、水につけておけば1日くらいで、そこから根が生えて根付いてしまう。水に丈夫な体も功を奏したのだろう。植物は案外、水に弱い。花や葉が濡れてしまうことで腐りやすくなる。ところがツユクサは水に漬かって腐る前に根を生やしてしまう。だから農家いわく、田んぼに一度ツユクサが入ると大変。道ばたで摘んできたツユクサも水につけておけば、根っこが生えて来るのを観察できるだろう。

茎

茎は枝分かれせずに、1本に1つの花をつける。節があり、水につけるとそこから根が生える。

葉

葉は笹のようにスッとシャープな形で茎を包むように生えている。水に強いのも特徴。

花

花びらは2枚耳のように生えている。黄色いのがフェイクの雄しべ。手前の地味な色が本当の雄しべ。

二重のオトリで騙して成功！

ツユクサには3種類の雄しべがある。本当にいるのは1種類で、あとの2つはなんとオトリだ。花の奥にある鮮やかな黄色のX字型の雄しべはハチやアブをおびき寄せるが、これはオトリで実は花粉はほとんどない。もう1つの花の中央にあるY字型の雄しべは昆虫に花粉を食べさせる用のこれまたオトリ。これらで手間取っている間に、長く伸びた地味な色の2本の本命雄しべで、虫の体に花粉をたっぷりつける。虫を騙す巧みな仕掛けを持つ、したたかな植物だ。

生え方

水分を好むため、田んぼや畑、川縁などの周辺に生えていることが多い。あまり集団化しない。

種

花を覆う葉の中に種がある。種の数は少なく、朝顔の種ほども大きい種が数個だけできる。

ツユクサを摘んだら

花瓶に生けて、花が次々と生まれるさまをよく観察してみたい。さながら蝶の羽化のようだ。一輪挿しにもよく似合う花なので、観賞用にもいい。また花びらで色水を作ることもできる。

ツユクサに似た植物

【トキワツユクサ】

ツユクサの白いバージョンという面持ちの外来種。要注意外来生物として指定されている。

LADY'S TRESSES

Spiranthes sinensis var. amoena

ネジバナ

［螺旋花］

ランン科　多年草

見つけやすさ　◆◇◇

芝生の中で目を凝らせば

よく見かけるのは芝生などが密集している日の当たる平らな公園。隠れる場所もない場所に、ひょろりとか細く伸びた1本の茎。螺旋階段のように花がつくネジバナはミステリアスな部分が多い女性のように独特な戦略を持っている。高い位置からよりも、しゃがんでみると見つかりやすい。

別名：もじずり、ねじれ花、ねじり草
開花：春〜秋
背丈：10〜40㎝程度
分布：日本全土
花言葉：思慕
原産地：日本在来
生育地：公園、芝生など

何故にねじれている？

名の通り、ネジのようにねじれている花。英名では「女性の巻き毛」と言う。この不思議な花の咲かせ方を見ると、何かそこに特別な意味を考えたくなる。螺旋階段のようにして何かを上らせるため？　なんて勘ぐりたくもなるが、案外、何の計画性もないようす。あえていうなら、横向きに花を咲かせると昆虫が訪れやすいが、一方向だけにたくさん花を咲かせると傾いてしまうため、バランスをとるようにパラパラと花を咲かせる。植物界ではねじれながら伸びて行くのは割とありふれたことで、ねじれながら花を咲かせて伸びて行くので、ああいう形になっている。

右巻きと左巻きがある

よく見ると、巻き方には右も左もあり、大体同じ割合で見られる。よく花を見てみると、ラン科らしいなかなか複雑な形をしていて美しい。白いレースのような花びらが下に1枚突き出ており、それにかぶるようにピンク色の花びらが重なっている。まさに自然の神秘を感じるミクロの美だ。

花粉をワンパックにまとめて運ばせる

普通、花粉はパラパラと虫の足や体につくものだが、このネジ

茎

よく見ると茎もねじれている。茎は細長く、節もなく、枝分かれもしない。ただ1本だけで上へ伸びて行く。

葉

根本から細長い真っすぐな葉が伸びているが、芝生などに紛れてほとんど認識できない主張のなさ。

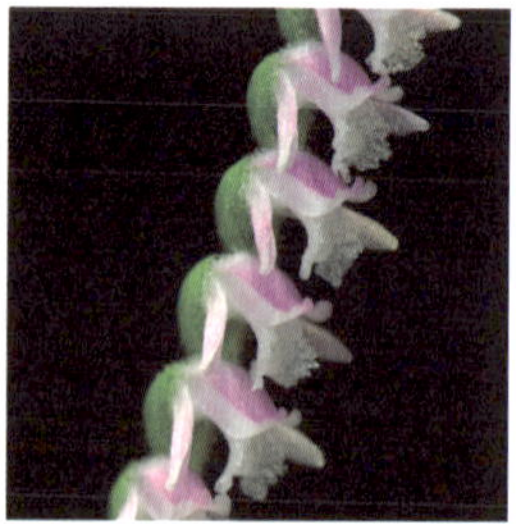

花

ランの花を小さくしたような形のものが、たくさん螺旋状についている。伸びながら順番に咲いていく。

バナの雄しべの先には花粉を固めてブロックのような状態で用意されており、虫に一気に大量の花粉をまとめて運ばせるという方法をとっている。それを受け取る雌しべの方は、先端に粘着力があり、その大量に花粉が集まった塊をちぎりとって受粉する。ネジバナの種は埃のように細かく、ほとんど見ることはできない。種があまりに小さすぎるため栄養がなく、発芽が難しい。ただその辺にあるカビや地面の菌などにくっついて、そこから栄養を取って発芽する。細く、ヒョロヒョロした見た目とは裏腹になかなかたくましさのある雑草だ。

生え方

発芽は偶然性が強いため、集団にまとまらず、まばらに咲いている。芝生だと見つかりやすい。

種

栄養分を身にまとってないため埃のように小さく、数十万個もの種子を作る。発芽の成功率が低い分、数で勝負だ。

ネジバナを摘んだら

右巻きか、左巻きか、まず素直にその形を楽しみたい。虫メガネなどで拡大して見ると、その小さな花の形の複雑さに子どもも驚くだろう。虫メガネで見ると見応えのある雑草だ。

ネジバナに似た植物

【マツバウンラン】

花は紫なので見間違うことはないが、印象は似ている。オオバコ科で葉が松葉、花がウンランに似ている。

Chinese Plantain

Plantago asiatica

オオバコ

［大葉子］

オオバコ科　多年草

見つけやすさ　◆◆◆

踏まれても、何度も生き返る

雑草は強い、ど根性、というイメージ通り、まさに踏みつけても枯れず、折れず、何度でも甦る、ある意味、期待を裏切らない雑草。

昔から子どもたちに「すもうとり草」として遊びの対象物となってきた。

キレイな花こそ咲かせないが、なんとなく憎めない。

別名：車前草、蛙葉、丸子葉
　すもうとり草、野郎胡麻
開花：春～秋
背丈：10～20㎝程度
分布：日本全土
花言葉：足跡を残す、白人の足跡
原産地：日本在来
生育地：公園、道ばたなど

生まれ変わりの象徴

オオバコは昔から車や馬車が通るような場所に沿って生えていたことから、「車前草」と呼ばれる。ドイツでは戦死した騎士の帰りを待ち続ける妻が死んだ後に生えて来る、とも。日本では別名「きゃあろっぱ」。これはカエルの葉の意味で、葉っぱがカエルに似ていることから名付けられており、死んだカエルにオオバコの葉をかぶせると生き返る、という言い伝えもある。こんな目立たない植物が世界各地で生まれ変わりの象徴になっているなんて、なんだか不思議だ。

踏まれた時の衝撃を和らげる仕組み

オオバコは公園や道路でもしぶとく生えている。それは踏まれる衝撃に強いため。オオバコの葉は柔らかく、葉の中には5本の筋が通っている。例えるなら糸を通した布のように強い。ちぎっても葉っぱすべてが取れてしまうことなく、何となく残る。踏まれてもちぎれてしまうこともない。反対に上も花茎の部分は外側が固く、中は柔らかい。踏んでもしなって折れることなく復活する。人間で言えばとても打たれ強い。地味で華もないが、踏んでも踏んでもいつの間にか立ち上がる。芯が固く頑丈なものよりも、ある意味でずっと強い。

茎

茎は枝分けれせず、根っこから次々と生える。茎の外側は丈夫で、中は柔らかいため適度な弾力を持つ。

葉

年中ロゼット状に広がって、踏まれても問題のない構造。葉そのものは柔らかくちぎれるが、筋の部分で止まったりする。

花

人間的に見て花らしい花は咲かないが、このふさふさした部分が花。小さな花をたくさん咲かせる。

タイヤや靴底にくっつく

種にはゼリー状の物質があり、雨などが降ると濡れて膨張し、車のタイヤや靴などに付着する。だから道路の脇に増えやすい。種がしつこくまとわりついてくっ付いて来ることから、「ブスの恋」なんていう不名誉な別名までつけられている。そのくらい世界中で身近な雑草で、植物としては成功しているのかもしれない。

生え方

道ばたの脇や、公園など人が行き来する場所にこそよく生えている。ある程度まとまって生える。

種

花が枯れて茶色くなった後にツブツブの種が稲穂のようにできる。周辺に落ち、靴などにくっついて移動。種は製薬にも使われる。

オオバコを摘んだら

やっぱり王道の引っ張りっこが楽しい。それぞれに強そうな茎を摘んできて、先にちぎれた方が負け。単純ながら、子どもは大好きな遊びだ。

オオバコに似た植物

【ヘラオオバコ】

見た目は違うが仲間。スコットランドでは昔から傷口に塗る薬草として使われている。

LONG-HEADED POPPY

Papaver dubium

ナガミヒナゲシ

［長実雛芥子］

ケシ科　一年草

見つけやすさ ♦♦◊

怪しい美しさを持つ花

ここ10年で急激に増えはじめ、
日本で勢力を伸ばしている外来種。
英名は「長い頭のポピー」。
不自然に細長く伸びた茎の先に、
紙で作ったフェイクのような花びら。
ケシの花にそっくりな見た目で、
一つの実の中に1000粒以上の種を詰めている。

別名：虞美人草
開花：春～初夏
背丈：10～60㎝
分布：沖縄県を除く日本全土
花言葉：平静、慰め、癒やし
原産地：ヨーロッパ
生育地：道ばた、空き地

ここ数年の中で筆頭に上がる強力な外来種

観賞用として江戸時代にもたらされ、しばらく大人しくしていたが、ここ近年、急増中のヨーロッパ原産の帰化生物。それもそのはず、アルカリ性の土壌を好むため、コンクリートによってアルカリ性に傾いている土壌が増えた現在の方がナガミヒナゲシにとっては生きやすい環境だ。草むらなどよりも荒れ地や駐車場、乾いた道路の脇などの方でよく見かけるのはそのせいだ。

まさにケシ粒大の種を風にゆられて周囲にばらまく

とても小さなものを「ケシ粒」と例えるが、このナガミヒナゲシはまさにケシの花の仲間で、種はケシ粒大。よくあんぱんの上などに乗っているポピーシードのような種が、たった一つの花の後に千五百粒ほどもできる。風が吹き抜けるビルの谷間で長い首を揺らして、周囲にその種を大量にまき散らす姿を想像するとなんだか恐ろしい。ちなみにケシの仲間ではあるが、阿片物質は含んでおらず無害。種は車や靴などにくっつき、さまざまな場所で芽を出す。

茎

葉っぱや花のサイズに対して、ひょろりと長く伸びた茎。その不自然さも目に止まりやすい理由かもしれない。

葉

下の方に申し訳程度に生えている。葉は春菊のような形。葉っぱが茂ることはほとんどない。

花

オレンジ色の花びらが4枚。薄い紙のように乾燥した印象で、触れるとすぐに花びらが落ちてしまう。

他の植物を攻撃する

この花はポツンと一輪だけ咲いている印象が多い。それにも実は理由がある。ナガミヒナゲシは根っこから他の植物の芽生えを阻害する強いアレロパシー物質を出す。そういった性質の植物は他にもあるが、ナガミヒナゲシの物質は特に強い。見た目から伝わる毒々しさそのままの攻撃的な生態だ。反面で子どもには人気の花。キレイなオレンジ色で、絵に描いても様になり、花の部分を取って耳にかければ、髪飾りにもなる。

ナガミヒナゲシを摘んだら

ナガミヒナゲシの花びらは薄くて、乾燥しているため、すぐに押し花に使える。もしくは絵に描くにもいい題材だ。

ナガミヒナゲシに似た植物

【ヒナゲシ】

園芸用に育てられ、野生化したものにヒナゲシ、オニゲシ、アイスランドポピーなどがある。花びらの大きさや色が異なる。

生え方

砂利の駐車場や、荒れた空き地、アスファルトの割れ目や、道路の脇などに生えてることが多い。

種

花びらが落ちた後、残った真ん中の部分には、すでにぎっしりと種が詰まっている。この中に1500粒ほど種が入っている。

Skunk vine

Paederia scandens

ヘクソカズラ［屁糞葛］

アカネ科　多年草

見つけやすさ　◆◆◇

誰かオナラでもした？と振り返る

臭いから名付けられた可哀想な花。
「万葉集」でも「糞かずら」と呼ばれているほど、
古来からあり、またよく見かける花。
今でも公園にでも咲く割にあまり知られていないのは、
花が埋もれるほどに生い茂るせいもある。
もじゃもじゃにツルが絡まったフェンスの
密集したあたりに目を凝らして見れば、
このヘクソカズラを見つけることが
できるかもしれない。

別名：早乙女花、馬くわず
開花：夏〜秋
草丈：ツル性で高く伸びる
分布：日本全土
花言葉：人嫌い、意外性のある
原産地：日本在来
生育地：公園

名の通り、とにかく臭い！

オオイヌノフグリ、ハキダメギク、と並ぶ「気の毒な名前」の代表格。「屁糞」の名の通り、匂いが臭いことで知られる。海外では「スカンクの葛」とも呼ばれ、その見た目の可憐さとは裏腹に、悪臭漂う花の香り。臭さゆえ、馬も食べない。そんな臭い花なんて見たことない、と言う人も多いかもしれないが、意外なまでに日本全土に多く自生し、しかも日本在来種。公園のフェンスなどに絡まり、他の草花や木々に絡まりながら伸びて行くのが特徴だ。この悪臭は何のためにあるかと言えば、自分の身を外敵から守るため。虫も近寄りたくないほどに臭いのだから、ある意味、大したものだ。ちなみにこのヘクソカズラの悪臭成分を溜め込み、自分の身を外敵から守る「ヘクソカズラヒゲナガアブラムシ」という強者までいる。

古くから日本で親しまれて来た

ヘクソカズラはその匂いに反して、花の見た目自体は非常に愛らしいため、「早乙女花」という別名も。どんな女性も年頃になれば美しくなることをさして「鬼も十八、番茶も出花」という諺があるが、同様に「屁糞かずらも花盛り」という諺もある。また別名で「やいと花」という別名もあり、「やいと」というのはお灸のこと。昔の子どもたちがお灸に見立てた遊びに使ったりしたそうだ。

茎

朝顔などのように、細く長く伸びるツル性。自ら絡まり合うほど密集する。

葉

葉は変形が多く見られ、ハート型のように丸っぽい形のものから、先が細いものも。ちぎると臭い。

花

開花は夏から9月頃まで。中心は濃い赤紫色で、外側は白く薄い花びら。中には毛が生えている。

戦略はいたってシンプルな「依存型」

植物は皆さまざまな工夫をして他の種と陣地の取り合いをしたり、子孫を残すための戦略を持っている。なかにはポキッと簡単に折れないように茎を硬く頑丈にするものもいれば、むしろクローバーのようにふわふわと柔らかく、踏まれてもちぎれないことで広がって行くタイプもある。種も綿毛で風に乗せて飛ばしたり、弾けて飛んだり、アリに運ばせたりとさまざま。そんな中でこのヘクソカズラの戦略はいたってシンプル。とにかくツルを手当たり次第方々に伸ばしながら、行く先々でそこにあるモノや植物に寄りかかり、巻き付いて、自立せずにエネルギーを蓄え、ヒョロヒョロと長く伸び、あちこち種を遠くへ運ぶという戦略だ。多年草なので、気づけばいつの間にか壁全面をヘクソカズラに埋め尽くされているなんてことも。弱そうに見えて、なかなかしぶとい。…なんだか人間でもこういう人、いるかも。

生え方

ツル性なので周囲のフェンスや植物に絡まりながら伸びていく。そのうち自ら絡まり合って取り除くのが大変になる。

種

実は乾燥すると薬用としても知られている。効能はしもやけ、あかぎれなど。ツルで伸ばした先で種を落とす。

ヘクソカズラを摘んだら

まずはヘクソカズラを知らない子に「この花の匂いを嗅いでみて。すごくいい香りだよ」なんて騙し討ちするのも面白い。臭がったら、その名前を教えてあげればさらに喜ぶはず。また花をお灸のように手や顔に貼付けて、お医者さんごっこをしてみるのも楽しい。花の中の赤色と模様がお灸の跡のようにも見える。

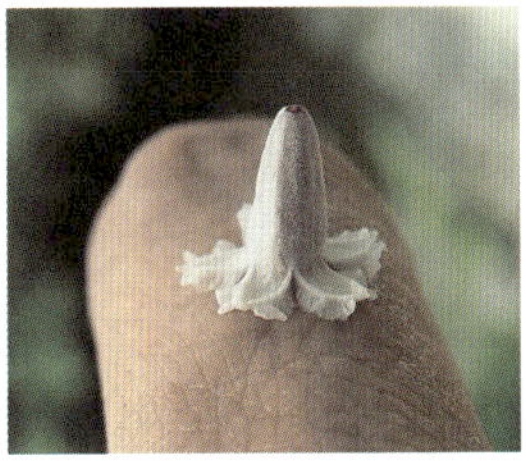

ヘクソカズラに似た植物

【ガガイモ】

ツル性の多年草。日本や東アジアに分布し、遠目からは似た感じの花を咲かせ、多少匂う。花に毛が生えているのが大きな違い。

THUNBERG'S BUSH-CLOVER

Desmodium oxyphyllum

ヌスビトハギ［盗人萩］

マメ科　多年草

見つけやすさ　◆◆◇

知らないうちに、こっそりくっつく

空き地や道ばたを歩いた後に、
家に帰って服をみたら、
足跡のようなものが点々と付いている。
それがヌスビトハギの種。
それが大抵、背中にくっついているので、
いつの間に？と振り返っても
いつつけられたか分からない。
気配を完全に消した盗人のような早技だ。

別名：泥棒萩
開花：夏～秋
背丈：60～100㎝程度
分布：日本全土
花言葉：略奪愛
原産地：日本在来
生育地：空き地、道ばたなど

まるで泥棒の足跡のような形

花は小さく、よく見ればスイートピーのようにキレイ。それなのに「盗人」なんて不名誉な名前になった由来は、泥棒の足跡と、このヌスビトハギの種の形が似ているため。泥棒は足音を立てないよう、足の外側だけを地面にそっとつけて歩くという。知らない間にこっそりくっついていることから名付けられたという説も。どちらにせよ、家に帰って初めて気づく、というほど、いつ種を付けられたか、記憶を辿ってもまったく分からないほどだ。

くっつきすぎて大丈夫？

豆のようになっているサヤの種は、外国では「ダニのようにくっつくマメ科植物」とも呼ばれている。ヌスビトハギの種の表面に触るとザラザラとしているが、これは表面に小さなかぎ爪のようなものが並んでいるため。衣服に面ファスナーのようにくっ付いて、はがすのもなかなか一苦労。セーターのようなものだけでなく、ジーンズや固い素材にもピタリとくっつく。くっついたはいいが、あまりにピタリとキレイに面でくっつくため途中で落ちず、結局家まで持ち帰ってゴミ箱行きでは？　といらぬ心配をしてしまう。洗濯機で洗っても、そのままくっついているほどの高性能な面ファスナーっぷりには驚かされる。

茎

茎は丈夫でムチのようにしなやか。成長すると木の枝のようにしっかりとした固さになる。

葉

葉っぱは大きく、小判型。これといった特徴がないため、葉っぱだけでヌスビトハギと見分けるのは難しい。

花

カラスノエンドウにも少し似た感じの小さな紫色の花。花の部分だけであれば一輪挿しで飾りたいくらい。

外国生まれの盗人は足跡をたくさん残す

ヌスビトハギには、とても似た外来種が日本に入って勢力を広めている。在来種のヌスビトハギの種が2つなのに対して、北米原産の「アレチヌスビトハギ」は種が4～6つ連なったサヤを持つ。最近では在来のヌスビトハギの姿は減り、アレチヌスビトハギの方が俄然増えている。どう考えても2つよりは、4つ、6つある方が成功率は高いだろう。同じ盗人でも、心情的に日本の方をちょっと応援したくなる。

ヌスビトハギを摘んだら

虫メガネで花を拡大してみるとキレイ。またはついていた種をワッペンのようにわざと服につけて文字や模様にするのも面白い。

ヌスビトハギに似た植物

【アレチヌスビトハギ】
【フジカンゾウ】

アレチヌスビトハギは種がたくさんついているので違いは種を見ればすぐ分かる。写真は2枚ともアレチヌスビトハギ。花には緑色の点が2つある。フジカンゾウはもっと大型でやはり同じようにくっつく種を持つ。

生え方

道ばたによく見かける。花や種が小さく、パッと見は地味なため、あまり目立たない。道沿いで増えていく。

種

種は2つが連なった形のサヤ。平らでザラザラしていて、衣服に付く際は大抵、2つまとめてついてくる。

Japanese Pampas Grass

Miscanthus sinensis

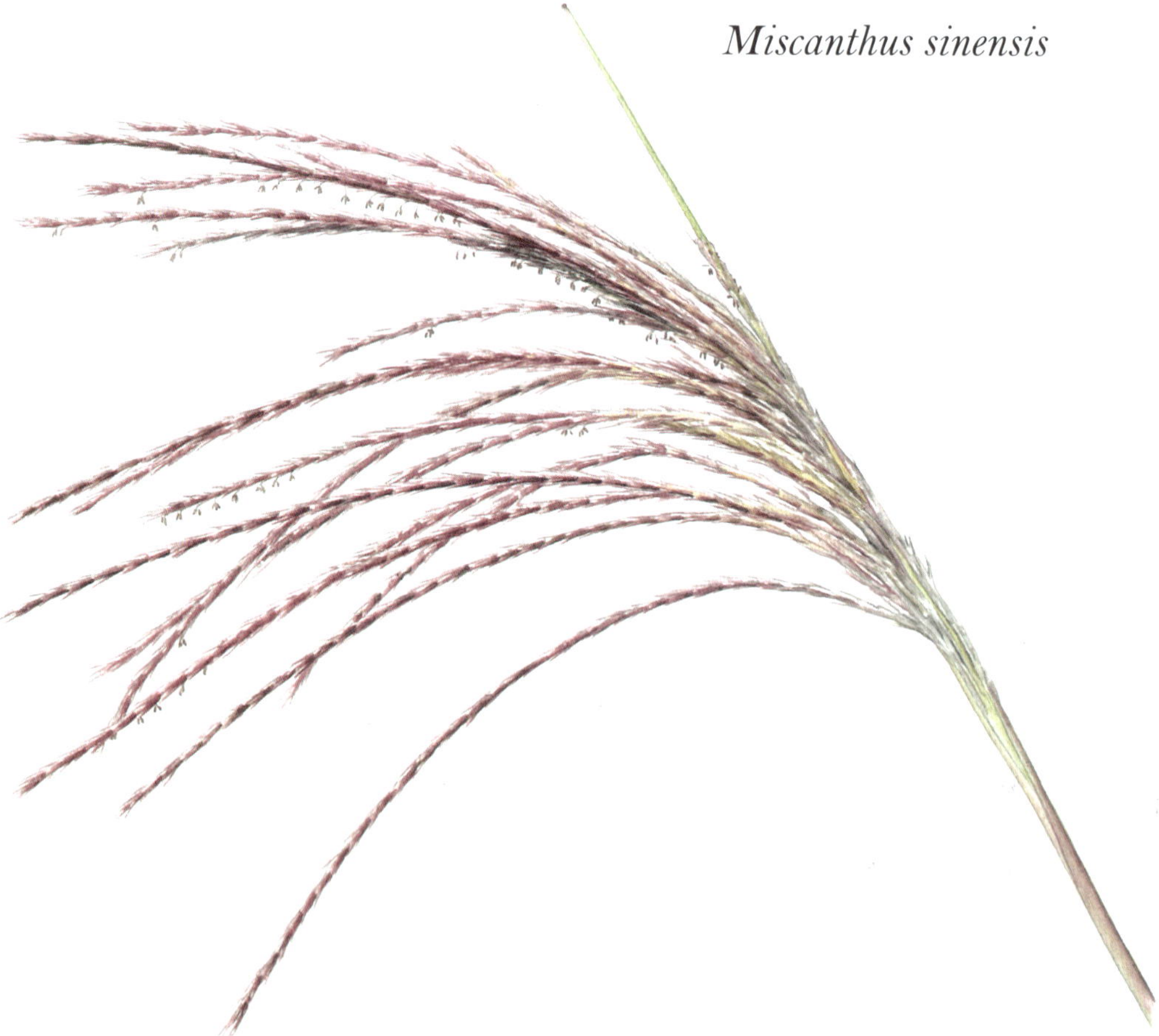

ススキ［薄］

イネ科　多年草

見つけやすさ ◆◆◆

お月見に欠かせない秋の風物詩

月見でススキを飾るのは、
稲穂に見立てて豊作を祈るため。
土手などでススキを見かけるようになると、
もうすっかり秋だなあ、と季節を感じる。
ちなみに秋の七草「尾花」はススキのこと。
ススキにもちゃんと花は咲く。
ススキの名は「すくすく育つ木」に由来するとか。
茅葺き屋根にもなってしまうなど、
なかなか人間の生活にも立派に役立っている。

別名：尾花、萱
開花：夏～秋
背丈：1～2m程度
分布：日本全土
花言葉：活力、心が通じる、悔いのない青春、
生命力、憂い
原産地：日本在来
生育地：空き地、土手、山など

枯れても倒れないススキはガラスと同じ物質を持つ

ススキの別名「尾花」の意味は、穂の部分が動物の尾に見えることから。幽霊の正体にも例えられたりするように、ススキは河原などに枯れてもずっと倒れず立って、穂を風に揺らしている。ススキの体は茎や葉はケイ素を取り込んだガラス質を持ち、非常に固く、耐久性もあるため、枯れてもそのまま真っすぐ立っていることができる。雨に濡れてもガラス質なので腐ったり、あまり柔らかくなったりしない。茅葺き屋根に使われるのも、そのくらい丈夫なため。その材質を研究して利用できないかと考える化学者もいるほど。ススキの葉はギザギザしているため、いわばガラスのノコギリ。ススキの葉で手を切った時に痛いので注意したい。

ススキは穂を2度開く

ススキなんかに花なんか咲いていたかな、という人も多いのでは？　穂は一つ一つが花の連なり。穂にたくさんの花が咲いたら花粉を四方に拡散するため、穂をだらんと広げた形になる。花が終わった後には、穂を一度閉じて全体を細くまとめた状態に。これは風の抵抗などで穂や茎を傷めないため。そうして身を守っている間に種子が熟すと、今度はタンポポの綿毛のようなものを身に付けた穂が再び四方に広がる。つまりススキは長

茎

茎はまっすぐ、ぐんぐん伸びる。穂が重くバランスの悪い格好のようだが、丈夫な茎が折れずに支えている。

葉

葉はガラス質で非常に固い。一見真っすぐに見えても、端はギザギザしているので手を切ると非常に痛い

花

穂の部分をクローズアップすると、こういった花が小さくたくさん咲いている。虫を呼ばずとも風で受粉できる。

いスパンの間に穂を2度開く。そうやって長い茎を伸ばして大きく揺れては、風に乗せて種を遠くに飛ばす。

海外デビューで厄介者に

日本でよく外来種が問題になるが、大抵の場合は、日本の在来種が弱く、外来種の方が強いというのが主流。ススキの生える場所にも外来種のセイタカアワダチソウが侵略しているが、ススキの場合は海外では反対にその丈夫さゆえに外来雑草として問題になっている。

生え方

土手や河原など、他に花が咲かないような場所で勢力を伸ばしている。風で受粉するため集団で生える。

種

種ができると綿毛が生えて、穂は ふさふさの見た目に変わる。穂が1本1本を広げ、風に飛ばそうとする。

ススキを摘んだら

固さを生かしてクラフトに使うのも楽しい。お月見の季節には子どもと一緒にススキを摘んでお月見を楽しみたい。

ススキに似た植物

【オギ、ヨシ、チガヤ】

一見すると似た雰囲気なので間違えやすい植物は結構ある。イネ科の植物の葉は大体ガラス質で手を切りやすいのも同じ。

Cattail

Typha latifolia

ガマ［蒲］

ガマ科　多年草

見つけやすさ ◆◇◇

水辺に生える不思議な形の水草

一見するとソーセージのように見える
不思議な形のガマ。
茎は信じられないほど固く、
プラスチックなどの作りもののようだ。
あまり頻繁に見かけることはないが、
見つけたら思わず引き抜きたくなる。
でも、これが固くてなかなか抜けない。
頑丈にもほどがある雑草だ。

別名：狐の蝋燭、御簾草
開花：夏
背丈：1.5〜2m程度
分布：日本全土
花言葉：従順、素直、慌て者、無分別、予言
原産地：日本在来
生育地：水辺

雄しべと雌しべが縦一本につながった不思議な形

ガマと言えば、なんと言っても、あの妙な形を真っ先に思い出す。水草なので水の中や水辺に生えるため、腐らないように作られた頑丈で太い茎に、ブスッとフランクフルトでも差したかのような変な格好だ。独特の進化で、そのソーセージのような上にひょろりと生えているのが雄しべで、ソーセージ部分が雌しべ。つまり雄しべと雌しべが縦にそのままつながっている。

穂の部分は種子が熟すとほろほろと崩れる

頑丈そうなガマだが、実は穂と葉の部分は柔らかい。布団を別の漢字で「蒲団」と書くが、これはしなやかなガマの葉を丸く編んで座禅の時に敷く敷物を作ったため。花粉は漢方では止血剤として使われている。種の部分も種子が熟すと、やわらかくなり、中から綿毛が飛び出してくる。

ガマはカマボコの語源

串刺しになったような穂のユニークな形からは、昔の人も食べ物を想像したようだ。あのソーセージのような部分は「がまほこ」と呼ばれており、カマボコの語源と言われている。昔のカ

茎

重たい穂を支え、ずっと水に濡れても腐ったりしない茎は、既製品の棒のように丈夫で固い。折るのは一苦労だ。

葉

葉の中はスポンジ状になっていて、想像よりも柔らかい。イネ科のように葉の縁がギザギザではなく真っすぐ。

花

通常の花の部分にあたるのが、このソーセージのような部分。到底キレイな花とは言えないがユニークではある。

マボコはやはり棒に差して作られていたことから見た目が似ていた。ちなみに「うなぎの蒲焼き」も「蒲（ガマ）」の字が使われている。昔はうなぎも今のように開かず、真ん中に棒を通して焼いていたそう。今ではあまり見かけなくなったガマだが、そんな身近な料理の語源になるほどポピュラーな水草だったことが伺える。現代人なら仮に串に刺したものを見ても、真っ先にガマを思い浮かべて名付ける、ということはしないだろう。ガマが減ったということは、それほど生活の周辺から水辺が減った証拠かもしれない。

ガマを摘んだら

もし穂がまだ固い状態ならば、やはりソーセージに見立てて、お祭りやBBQごっこをするのが王道。穂が触って柔らかい場合は、中に綿毛が詰まっているので、手でわしゃわしゃとほぐして種を飛ばして遊べる。

ガマに似た植物

【ショウブの葉】

花を咲かせればまったく違う物だと一目で分かるが、水辺に生える葉だけの状態だとガマにかなり似ている。

生え方

水辺や川岸などに密集して生えている。最近は川辺が埋め立てられているため、ガマを見かける機会がぐんと減った。

種

種が熟すと、タンポポの綿毛のようになり、ホロホロと崩れて風に乗って飛んで行く。そのさまは面白い。

AMERICAN POKEWEED

Phytolacca americana

ヨウシュヤマゴボウ

［洋種山牛蒡］

ヤマゴボウ科　多年草

見つけやすさ　◆◇◇

別名：アメリカヤマゴボウ
開花：初夏〜夏
背丈：1〜1.8m程度
分布：日本全土
花言葉：野生、元気、内縁の妻
原産地：北アメリカ
生育地：道ばた、空き地など

一見おいしそうでも誤食要注意の毒草

ブドウ色のおいしそうな見た目に反して、強めの毒を持つ。

誤食すれば危ないが、触る分には大丈夫。「毒と薬は紙一重」とよく言うが、そんな諺通り、使い道によっては薬草ともなる。

明治時代に薬草として持ち込まれたのが野生化して今に至る。

見た目はブドウのようでも絶対に食べてはいけない毒草

赤紫色の茎からブドウにような房が枝から垂れ下がるのが特徴。枝の赤さや、ブドウのような形から一度見れば子どもなら間違えなく覚えてしまうだろう分かりやすい見た目。昔は毒があることを知らずに、うっかりおままごとで食べてしまったという人もいるが、嘔吐や下痢、ひどい場合には心臓マヒや呼吸障害を起こす毒草。実も草も毒を持つ。もともとは薬草として日本に持ち込まれたように、使い道によっては薬にもなるが、素人が手を出すのは危険。ある意味で、しっかり子どもにも、自然の草花や実には危険なものが存在するので勝手に食べたりしてはいけないことを教えるいい機会。不必要に怖がらせず、毒がある反面でキチンと扱い方を覚えれば、つまり食べさえしなければ大丈夫ということも教えておきたい。

別名「インクベリー」と呼ばれるほどこれほど濃い色水がとれる雑草はない

実はすりつぶすとブドウジュースのよう。インクベリーという別名を持つように、染料としても使われている。人間や動物にとっては有毒となる実も、鳥にとってはおいしいごちそう。鳥はある程度、毒を無毒化できる。あえて実に毒を持つことで、種子まで噛み砕いてしまう動物に食べられるのを避け、種を丸の

茎

茎まで赤紫色しているのが一つの特徴。真緑の葉に、紫の茎、という時点で怪しさを醸し出している。

葉

葉っぱはいたって普通の形。ただ見るからにブドウの葉の形とはまるで違う。ツル性でもなくブドウとはまったく別物。

花

花は小さな実のような状態。花の時点で房になっている。昆虫による受粉も同一の房の中で行われやすい。

みする鳥に食べてもらい、糞をあちこちに拡散してもらう狙いがある。

日本のヤマゴボウはまったく別物

日本でもともとヤマゴボウと呼ばれているのは、キク科のモリアザミという植物。見た目も種類もまったく異なる。モリアザミは食用にもできるため、「山ごぼう漬」として売られているが、それはモリアザミの根っこを漬けたもの。ヨウシュヤマゴボウの根っこは漬物にすれば食べられる、というのは誤解なので気をつけたい。フグの肝でも漬け込んで食べてしまう日本人ならば「仮に毒があっても漬け込めばいけるのか」と勘違いするのも仕方ない。

生え方

鳥の糞によって種子が広がるため群生せず、道ばたや空き地などに生える。そのまま放置しておくとかなり大きく育つ。

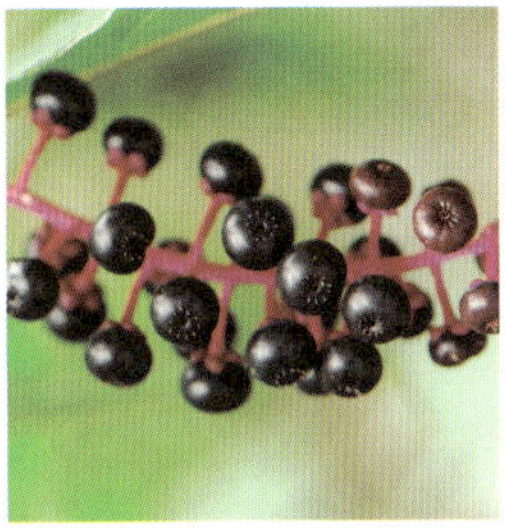

種

種は実の中にあり、食べると危険。小さな子が遊びの中で誤飲しやすい植物の一つだ。鳥が食べて種を増やす。

ヨウシュヤマゴボウを摘んだら

ヨウシュヤマゴボウと言えば、やはり色水を作って、絵を書いたり、ハンカチなどを染めたりしてみたい。実は食べると毒があることをしっかり教えた上で、触っても大丈夫ということも学べる。

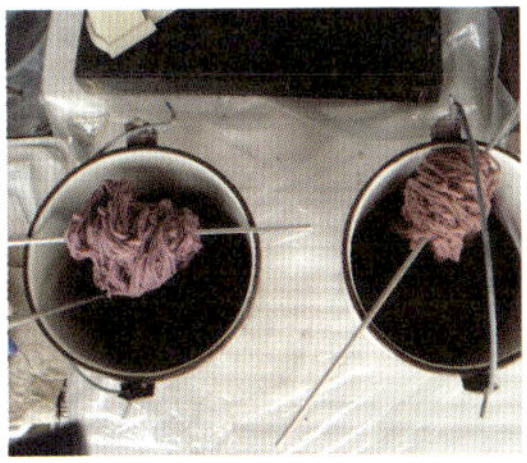

ヨウシュヤマゴボウに似た植物

【山ぶどう】

よく見比べれば実はあまり似ていないが、山ぶどうと間違えてヨウシュヤマゴボウの実を食べてしまうケースも。

TUFTED KNOTWEED

Polygonum longisetum

イヌタデ［犬蓼］

タデ科　一年草

見つけやすさ　◆◆◇

辛くなく、役に立たないタデ

イヌタデは刺身のつまなどに使われるヤナギタデ（本タデ）の仲間。

「タデ喰う虫も好き好き」ということわざは〝辛いタデにも虫がつく〟ということから、人の好みもそれぞれという意味だが、イヌタデには辛みがないため、役に立たないタデということで「イヌ」が付けられ、イヌタデとなったそう。

別名：赤まんま
開花：夏から秋
草丈：20〜50㎝程度
分布：日本全土
花言葉：あなたのために役に立ちたい
原産地：日本在来
生育地：公園、道ばたなど

花弁ではないものをピンクに染めて花に見せる戦略

キレイな花を咲かせ、虫に目立つようにしている植物に対して、イヌタデのピンクの花穂は、よく見ると花弁がなく、小さな丸い粒のような形をしている。これは通常の花で言えば、花弁の根元を支える緑色の「ガク」の部分をピンクに変化させたもの。花を咲かせるのは植物にとって、実は体力のいること。しかもすぐに萎れて枯れてしまう。だったら花弁なしで、なんとかガクの部分を染めて花のように見せかけて虫を呼ぶことができないか、というコスパのいい戦略で進化したのがイヌタデだ。ピンクに染まったガクの集合体は大きな一つの花に見え、なおかつ花弁よりも長持ちする。ピンクのガクよりもずっと目立たない白い小さな花を咲かせ、虫に受粉してもらうチャンスを待っている。ちなみに雑草などでイヌと付くものは、大抵役に立たない、食べられないという意味合いで使われている。イヌビエ、イヌムギ、イヌガラシ、イヌホオズキなども人間用に使われる植物に対して、同じ仲間で似ているのに人間には使えない方を犬用と例えている。

ままごと遊びに使われた

役に立たない、といいつつも、見た目がかわいく、公園や空き地などで割と簡単に見つかるイヌタデは、昔から子どもたちの

茎

背丈は個体によってかなり変わる。葉が生えている根元部分に謎の毛が生えている。

葉

特にこれといった特徴はなく、タデ科らしい少し長めの葉っぱ。葉だけでイヌタデだと見分けるのは難しい。

花

ピンクのガクが集合して房のようになり、目立つように大きな花に見せかけている。白い花も咲くが、それを見つける方が難しい。

ままごとに使われてきた。ピンクのつぶつぶの部分はポロポロと簡単に取れるため、それを赤飯に見立てて遊んだことから、別名「赤まんま」と呼ばれている。

イヌタデを見つけるのは簡単

イヌタデは雑草の中でも丈夫な方。見つけやすいのは、湿った場所。昔の子どもたちに習って、イヌタデでおままごとをしてみるのも楽しそう。ポロポロと落ちるピンクのこの植物の名前がイヌタデと教えてあげれば、きっと子どもは次から自慢げに、その名をきっと他の子にも教えるだろう。

生え方

公園などの隅っこによく生えている。背丈が低いので草影に隠れてしまうことが多いが、ピンクでよく目立つ。

種

種は近くにポロポロと落ちるタイプで、はじき飛んだりはしない。種を見つけるのは難しい。

イヌタデを摘んだら

おままごとで遊ぶ以外でも、一輪挿しにも向く。大切に持ち帰った道端の花はすぐに枯れてしまうことが多いが、イヌタデは水あげもよく、丈夫。小さな子が公園などで摘んできたものでも、水に挿せば日持ちするので食卓などに飾って楽しんでみたい。

イヌタデに似た植物

【ヒメツルソバ】

イヌタデのツブツブが丸く集まった金平糖のような形。見た目は違うが生えている場所や質感が似ている。

COCKLEBUR

Xanthium occidentale

オオオナモミ［大葈耳］

キク科　多年草

見つけやすさ ◆◇◇

昔ほどあまり見かけないひっつき虫

昔は誰もが遊んだひっつき虫の代表格。
まとめて投げつけては、服にくっつける。
それが今ではほとんど見かけない。
実は絶滅の危機にあるのはオナモミ。
このオオオナモミはオナモミにとって変わる植物。
生態はほとんど同じで、
やはり人の服にくっついてまわる。

別名：ひっつき虫、くっつき虫
開花：夏〜秋
背丈：50〜200cm程度
分布：日本全土
花言葉：頑固、粗暴
原産地：北アメリカ
生育地：公園、空き地など

40代以上のひっつき虫といえばコレ

コセンダングサやヌスビトハギなど、服にくっついてまわるものは多いが、40代以上の世代のひっつき虫の代表と言えばこれ。トゲトゲの実が丸く目立つので、子どもたちの目にも止まりやすく、投げつけることもできるラグビーボールのような形なども、遊びの対象になりやすい理由の一つ。トゲトゲの先はカギ状に丸まっていて、服にがっちり引っかかる。こういった植物のくっつき虫の仕組みを研究した発明家が、マジックテープ(商品名)を発明したと言われている。

トゲトゲの中には、せっかちな種と、のんびり屋の種が2つ入っている

投げつけて遊ぶトゲトゲは実の部分。その中には2つの種が入っている。1つは少し大きめで、せっかち屋。種が落ちたらすぐに芽を出したがる。同じトゲトゲの中にいた、もう1つの種は少し小さくのんびり屋で、ゆっくり芽を出す。そうやって発芽の時期をずらすコンビを一緒に梱包することで、発芽の成功率を上げている。

茎

茎は成長過程は細めで、大きくなるにつれてだんだん太く固くなっている。茎の枝分かれの場所に実ができる。

葉

葉っぱは大きく、群生して日陰を作るほど。木の実などを葉に包めるほどのサイズがある。

花

花は見た目に地味。いわゆる花びらはなく、丸いボールのような形をしている。

実は「オナモミ」は「雄ナモミ」異なる種類で「雌ナモミ」もある

オナモミというのは、実は「雄ナモミ」の意味で、ナモミは引っかかるという意味の「なずむ」から来ている。引っかかるオス、があるとすればメスは？　と言えば、「雌ナモミ」もある。こちらは見た目はかなり異なり、しかもオナモミに比べると、かなりしつこく、べったりとまとわりつくような付き方をする。くっつき虫も簡単に離脱できれば遊びになるが、なかなか取れないようでは遊びにならない。メナモミの方があまり知られていないのはそのせいかもしれない。

生え方

人の気配があまりない荒れ地などに生えることが多いため大きく育ち、他の植物などと絡まっていることも。

種

種はトゲトゲの実の中に2つ入っている。この2種類は成長速度が違い、同時には発芽しない兄弟のようなもの。

オオオナモミを摘んだら

オオオナモミと言えば、やはりなんと言っても実を集めてトゲトゲ爆弾を投げつける遊び。たくさん服に付けた方が勝ち、などの遊びはシンプルながら子ども同士で盛り上がる。

オオオナモミに似た植物

【メナモミ】

これがメナモミ。ラグビーボールのような形のオナモミと異なり、花のようでベタベタした粘着質でくっつくいやらしさ。

GREEN FOXTAIL

Setaria viridis

エノコログサ［狗尾草］

イネ科　一年草

見つけやすさ ♦♦♦

別名：ねこじゃらし
開花：夏〜秋
背丈：30〜80cm程度
分布：日本全土
花言葉：遊び、愛嬌
原産地：日本在来
生育地：公園、道ばた、空き地など

ふさふさシッポのような癒し系

よく道路の脇や、道ばたなどで見かける
ふさふさしたシッポのような草。
ねこじゃらしの別名通り、
まさに抜いて猫と一緒に遊びたくなる
愛嬌のある形に癒やされる。
風に吹かれて揺れる姿は、
まるで空をくすぐっているようだ。

花言葉も「遊び」と言うほど子どものたちにとって身近な雑草

ねこじゃらしの本当の名前はエノコログサって言うんだ、と思った人もいるのでは？　そのくらい「ねこじゃらし」の名前の方が一般的には浸透している。エノコログサの語源は、ふさふさした穂が犬のシッポに似ていることから「犬ころ草」に由来する。英語ではキツネのシッポ。ねこじゃらしの別名の通り猫をじゃれさせて遊ぶこともできるが、先の穂の部分だけをちぎって毛虫に見立てて遊んだり、こちょこちょと穂で誰かの首筋をくすぐったり、エノコログサはついつい子どもが摘んでは遊んでしまうのにいい形。花言葉も「遊び」と言うほど、子どもたちの野遊びに親しまれている雑草だ。

野遊びでクラフトも楽しめる

小学生くらいになれば、クラフトも可能だ。例えば丸めたり、長いものなどを組み合わせて、動物みたいな形にする遊び方もある。イネ科の割に茎が細く、子どもの力でも引っこ抜きやすく、曲げたり加工しやすいのも子どもの遊び道具になりやすい理由の一つだろう。

茎

茎は穂に対して細めでよくしなる。もし穂を茎ごとぬくなら葉の上から茎を引っ張ると、スッと上の部分が抜ける。

葉

葉は茎を包み込むように生えている。イネ科らしく縁がギザギザで手を切りやすいので注意が必要。

花

花はよく見なければ分からないが、穂の中に小さく咲く。まさにイネやアワなどと同じ構造。

実はアワが原種

夕日に染まる頃、風に吹かれて黄金色に輝くエノコログサの群衆を見ることがある。実は雑穀のアワが原種と言われるエノコログサ。粒が小さいため通常は食用にできないが、火であぶるとポップコーンのように弾けて食べることも。まあ、排気ガスまみれの穂を食べたいとは思わないが、大人も一緒についての遊びとしては面白いかもしれない。当然、鳥たちにとってエノコログサはおいしい食事の対象。こんな身近な雑草が、食べられる穀物と近い存在だということを知るのも子どもにとっては新鮮な驚きかもしれない。

エノコログサを摘んだら

エノコログザの穂の部分は人をくすぐっても、自分をくすぐっても感触が面白い。毛の向きに逆らって軽く握ると毛虫のようにモゾモゾ動いて上って来る。

エノコログサに似た植物

【アワ】

アワは多くの人に食べられていた穀物。エノコログサに比べると実がぎっしりと付いている。

生え方

道路沿いなどのほんの少しの隙間にも生える。風で種をパラパラとこぼすため、まとまって生えていることが多い。

種

種にあたる部分が、アワのようにツブツブで食べることも可能。時々スズメなどが食べている姿を見かける。

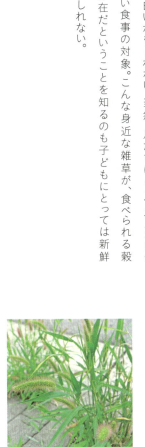

CAROLINA HORSENETTLE

Solanum carolinense

ワルナスビ［悪茄子］

ナス科　多年草

見つけやすさ　◆◇◇

世界にはびこる悪者代表

思わず何だ、と見てしまう、
このストレートな名前。
その名の通り、全身トゲトゲで、
いかにも悪そうなヤツ。
しかも実にも葉にも毒がある。
その上、繁殖力が強く、
他の植物を駆逐する。
「憎まれっ子、世にはばかる」を地でいく雑草だ。

別名：鬼なすび、のはらなすび
開花：夏〜秋
背丈：40〜70㎝程度
分布：日本全土
花言葉：いたずら
原産地：北アメリカ
生育地：空き地、畑など

超ハイパーな悪役！

明治頃に、牧草に混ざって日本に広まった雑草。牧草などに混ざると家畜が中毒を起こしてしまうので厄介だ。さらに食物にも悪い影響を与え、連作障害なども起こす原因に。このワルナスビ、繁殖力、生命力ともに強く、根絶やしにするのが本当に難しい。地面の下に地下茎を這わせて増え、草刈りをしてもすぐに芽を出す。また耕せば、バラバラにちぎれた根の断片がそこから再生し、さらに増えてしまう。軍手をしていても痛いほど、茎にはビッシリとトゲが生え、手作業で抜くのも大変で、かと言って地下茎で増えるので除草剤もあまり効かない。しかも種子の寿命はなんと百年以上！ ……これほどハイパーな厄介者がいるのか、と思うほどだ。

別名は「悪魔のトマト」

英名の意味は「馬のイラクサ」。イラクサは刺があり、刺さるとイライラするという植物。英語でも「Apple of Sodom（ソドムのリンゴ）」や「Devil's tomato（悪魔のトマト）」と言うように悪名高い植物で、世界何処でも嫌われ者。実はプチトマトにも見えるが、人間が食べれば下痢や嘔吐、呼吸障害などの症状が出る。小さな動物の場合には死に至る場合も。見た目はナスの花に似ており、子どもが珍しがって触りたくなる見た目なので気をつけたい。

花

ナスの花に似た形。色は薄い紫色で、中央に緑色の雌しべがあり、そのまわりには黄色い雄しべが並び、穴から花粉を出す。

葉

キザギザの葉で、葉にも有毒物質が含まれている。棘が葉にも生えているので要注意。

茎

ここまで分かりやすく鋭い棘がビッシリ生えているのも珍しい。素手で触るととても痛い。

しつこさナンバーワン？

大抵の雑草にはいいところも1つくらいはいいところがあるものだが、このワルナスビに至っては、あまり褒めるべきところが見つからない。むしろ、一体どうしたらいいのか…と途方に暮れるばかりだ。子どもに「こんなしつこい雑草があって大変」というのを教えてもいいかもしれない。

生え方

空き地でも、花壇でも、公園でも、畑でも、まったく場所を選ばない。多年草で何度でも根から復活する。

種

黄色いミニトマトみたいな見た目の実がなり、その中に種がある。子どもが拾いやすいので教えておきたい。

ワルナスビを摘んだら

ワルナスビについては遊ぶことはできないので、やはり見かけた時は、こういった毒草もあって、この名前はワルナスビっていうんだよ、種は100年も持って…などと解説して教えて上げるのがいい。名前が名前なので、子どもも覚えやすいはずだ。

ワルナスビに似た植物

【イヌホオズキ】

ワルナスビと花や実が似ており、同様に増えやすく、全草に毒がある。ただ棘はないだけ、まだ扱いが楽。

ANNUAL BLUEGRASS

Poa annua

スズメノカタビラ［雀の帷子］

イネ科　一年草、越年草

見つけやすさ　♦♦♦

世界に羽ばたくコスモポリタン

小さく、道ばたでもまったく目立たない存在。
弱々しく、取るに足らない存在に見える。
でも実は世界を股にかける国際派で、
どこでも生きていける強さを持つ。
まるで世界中を飛び回るビジネスマンのごとく、
相手や場所に合わせていける対応力が強みだ。

別名：花火草、ほこり草、はぐさ
開花：春〜秋
背丈：10〜30㎝程度
分布：日本全土
花言葉：私を踏まないで
原産地：ヨーロッパ
生育地：道ばた、公園など

スズメの質素な着物という意味

「雀の帷子」と書くように、意味としてはスズメの着る着物。カタビラというのは麻や生糸で作った裏地のない着物のこと。それは穂の部分をよく見ると、着物の襟のようにも見える。穂の部分は数ミリしかないため、スズメが身に付けるにしても小さすぎるが、例えとしてスズメは使いやすいのだろう。似たサイズの植物で「スズメノテッポウ」などもあり、これもやはりスズメ用の小さな鉄砲に例えられている。昔話で「すずめの恩返し」などもあるように、お米を育てていた農耕民族の日本人にとって、スズメは毎日傍にいる身近な生き物。小さな物の象徴、と例える際にまず思いついた動物だったのかもしれない。昔、麦の栽培が日本で行われ始めた時に伝来し、そのまま根付いた。

気候の対応性だけでなく、草刈りにまで対応する能力の高さ

スズメノカタビラの生息地は広く、大都会の街中から田んぼの畦、公園までくまなく広がっている。その上、気候もあまり問わず、熱帯から寒冷地まで、ほぼ世界中に広がっている雑草界のコスモポリタン。かなりの成功者といえるだろう。その理由は、対応力にある。まず草刈りに強いことが一つ。例えばゴルフ場や公園などで芝生が植えられているが、その芝生の中に混ざって生えるスズメノカタビラは芝の高さより低い位置に穂を

茎

茎は穂を揺らすべく、しなやかで長い。非常に細いが、割と丈夫。踏んだり、引っ張ったりに強い。

葉

葉はイネ科らしい葉。小さな時は柔らかいが、大きくなるとやはり手が切れるほどになる。

花

稲穂と同じようにごく小さな花をつける。個体差が激しく、5cm程度の背丈で花を咲かすものから30cmくらい伸びるものもいる。

つける。むしろ芝刈り機が穂を揺すり、種を拡散してくれる。もちろん通常はもっと高い位置に穂をつけているのだから、草刈りに順応したとしか思えない。おまけにその目立たない存在感。特に目立つ花を咲かせることなく、大きな実をつけることなく、それほど他の植物に悪さをする訳でもなく、その場所を占領してしまうまで埋め尽くさず、大きく育ち過ぎることもない。言ってみれば人間にとってどうでもいい、さほど気にならない存在になることで自分の身を守っているとしたら…。一年草のくせに、上手くすると冬を越して越年草になることも。その臨機応変さ。なかなか侮れない雑草だ。

生え方

1本だけ見るということはなく、それなりの数で1カ所に集まっている。土壌や気候を選ばない。

種

種をたくさん実らせた穂が風に揺れたり、人に踏まれたりすることで広がっていく。

スズメノカタビラを摘んだら

スズメの着物と言っても、最近の子どもにはピンとこないかもしれない。丈夫なので和紙などの紙づくりに飾りに使ったり、陶芸などで型押しても面白い。小さな子なら粘土に埋めて飾りとして楽しんでも。

スズメノカタビラに似た植物

【ニワホコリ】

かなりよく似た植物で、スズメノカタビラよりも色が少し紫っぽく、穂が細かい。例えるなら「ゆかり」のようだ。

JAPANESE MUGWORT

Commelina communis

ヨモギ
［蓬］

キク科　多年草

見つけやすさ ♦♦♦

身近で役立つ万能薬草

ヨモギといえば草餅。
食べられる雑草としても有名ながら、
実はハーブの女王としても有名。
お茶にしたり、もぐさにしたり、
女性の不調によく効く、と言われている。
身近によく生えているので、
一度、ハーブという目で利用してみてほしい。

別名：もぐさ、もち草、さしも草、焼き草
開花：秋
背丈：50〜100cm程度
分布：日本全土
花言葉：幸福、平和、平穏、夫婦愛
原産地：日本在来
生育地：河原、道ばたなど

葉の裏のうっすら白い毛が餅のつなぎになる

ヨモギの楽しみ方と言えば、やはりヨモギ餅や団子。別名でモチグサなどと呼ばれるように、草餅の材料として昔から使われてきた。葉のうしろには白い産毛のようなものが生えており、この毛が粘り気を出すので、餅のつなぎとして使われている。またひな祭りなどの菱餅などでも「緑色」を出すのにもちょうどいい。草木染めでヨモギを使うことも多々あり、生活に身近な雑草だ。

もはや雑草の域を超えた和製ハーブの王様

ヨモギは食べられることでも有名だが、ハーブの世界では日本を代表する薬草としても有名。お灸のもぐさは、ヨモギの葉の裏の毛を集めたもので、よく燃えて、なおかつ成分としても体にいい。属性または学名の「Artemisia」は、ギリシャ神話のアルテミスに由来するだけあり、特に女性の不調に強い。お茶にすれば月経不順や月経痛に効くと言われ、心身ともにリラックスさせてくれる。またお風呂に入れれば風邪予防や冷え防止、アルコールに漬け込んでチンキにすれば消毒薬にもなる。昔、転んだ時にヨモギを揉んだものを当てるといいと言われたのは殺菌作用が強いため。どこにでも生えていることから、非

茎

茎の部分にも葉の裏と同じ白い毛がうっすらと生えている。これも乾燥から身を守るための防衛手段。

葉

ヨモギの葉の形は独特なので、一目でヨモギと分かりやすい。夜になると葉を閉じる習性を持つ。

花

小さな黄色の花が咲く。最近ではブタクサと並んで花粉アレルギーの1つにも上げられている。

常に重宝された。もし気分が優れないな、と感じたら、ヨモギを摘んで揉んで香りを嗅ぐだけでもいい。ぜひ覚えておきたい使い方だ。

ヨモギの毛は身を守るため

ヨモギは元々、中央アジア原産。乾燥地帯でも育つように、葉の裏の気泡から水分が逃げないように細かく毛を生やしている。その毛は1本の途中から枝分かれしているT字型。繁殖力が強く、四方に増えるので「四方草」と呼ばれることも。石がゴロゴロした河原などでも、ヨモギが石の合間から生えているのを見たことがある人もいるだろう。普通の植物なら仮に芽を出すことはできたとしても、陽射しに照らされ熱くなった石ころの合間ではひからびてしまう。そんな場所で生きて行けるのも、乾燥に強いヨモギならではだ。

生え方

乾燥して水分の少ない荒れた土地や、石の合間などからでも生えてくる。都会でもよく見られる。

種

種は穂のようになった花の後につく。風で揺れて、周辺に種をばらまくことで増えていく。

ヨモギを摘んだら

他の薬草などと一緒に束ねてフットバスに。蒸気も部屋に出るので喉も潤う。もし除草剤などがついてない安全な場所でキレイなヨモギが手に入ったら、乾燥させてヨモギ茶を楽しもう。

ヨモギに似た植物

【トリカブト】

時々ヨモギと間違えて事故になるのが猛毒のトリカブト。葉の裏や茎に毛がなく、主には山間のひんやりした場所に生えている。

HURRICANE LILY

Lycoris radiata

ヒガンバナ［彼岸花］

ヒガンバナ科　多年草

見つけやすさ ◆◇◇

不思議さに包まれた謎の多い花

植物の常識をとことん裏切るのが、
この彼岸花。
葉っぱがない。種もない。
幽霊花、地獄花、死人花なんて呼ばれ、
「曼珠沙華を取ると家が火事になる」
なんていう言い伝えまである。
どことなく恐ろしげな、その見た目。
謎に包まれた雑草である。

別名：曼珠沙華、死人花、幽霊花、
　地獄花、葉見ず花見ず
開花：秋
背丈：30～60㎝程度
分布：日本全土
花言葉：悲しい思い出、情熱、再会、独立、諦め
原産地：日本在来（中国原産）
生育地：土手、線路際など

葉っぱのない花

ヒガンバナには葉っぱがない。ゆえに何か不思議な印象を受けるのかもしれない。どことなく現実離れしていて怖いような気がする。「葉見ず花見ず」という変わった別名があるが、実は葉がないのではなく、葉が生えている時期と、花が咲く時期が異なるため、花が咲く頃には葉はなく、同時に葉と花の姿を見ることはない。韓国ではロマンチックに「花は葉を想い、葉は花を想う」という意味で「相思華」と呼ばれているそうだ。サンスクリット語では「曼珠沙華」は赤い花を意味し、おめでたい兆しとして天から降って来る四華の一つとされている。

秋の彼岸の頃、必ず毎年同じ場所に生える

ところが日本の場合は、もっぱら不吉なものとして扱われることが多い。葉がなく、ニョキッと生えた真っ赤な花の雰囲気に、どことなく違和感を覚えることも。彼岸花の名の通り、秋のお彼岸の頃に花が土手に咲くあたりも、死者に何か関係があるかのような雰囲気もある。実は彼岸花は土の中で温度を感じて季節を知る。ヒガンバナは種ではなく球根と地下のりん茎から生えるため、毎年同じ場所に咲くのも、まるで死者がお彼岸の時期に帰って来ているかのように思えてしまう理由の一つだ。

茎

ガーベラなどと同じように、真っすぐ、太く1本で伸びる。茎はしっかりとしてみずみずしい。

葉

葉はあるが、花のある時期に見ることはできない。葉だけでヒガンバナと分かる人は少ないだろう。

花

蜘蛛のように細く飛び出しているのは雌しべと雄しべ。実は数個の花を咲かせて大きな1つの花に見せている。

毒があるのは球根だけ 触ってもまったく問題ない

ヒガンバナには毒がある、というのが一般的な認識。実際、毒草図鑑などにもしっかり載っていて、触るとかぶれる、などと書いてあるものも多い。でも実際には毒があるのは球根の部分だけ。むしろ昔の人は水にさらして食べていた。大抵の植物の種や根には毒が含まれているもので、毒をも打ち消す知恵を多く持つ日本人だが、何故このヒガンバナだけ一般的に毒草と言われるか。その昔、飢饉の際に食料にしようとヒガンバナの球根を全国に植えたため、子どもたちに勝手に掘り出されたりしないよう、不吉な名前を付け、毒のことも広めたのかもしれない。

生え方

日本にあるヒガンバナは昔の人が植えたもの。そのため大抵が河原の土手や田畑の脇などにまとまっている。

球根

種はまったくできない訳ではないが、ほぼ発芽しない。球根で植えられたもののためある場所は限定的。球根には毒がある。

ヒガンバナを摘んだら

摘むのはさすがに…と縁起が気になるなら、じっくり観察してみよう。よく見れば、その花がいくつか咲く不思議な形や、線香花火のような雄しべ、雌しべも面白い。

ヒガンバナに似た植物

【シロバナマンジュシャゲ】

ヒガンバナの雑種。黄色のショウキズイセンと混ざってできたのでは、という説が有力。赤と黄色で白になるのは不思議。

HAIRY BEGGER-TICKS

Bidens pilosa var. pilosa

コセンダングサ

［小栴檀草］

キク科　一年草

見つけやすさ ♦♦♦

くっつき虫の新王者

一昔前ならば、くっつき虫と言えば、
オオオナモミのことだったが、
今では数の勝負ではコセンダングサの圧倒的勝利。
秋には何処へ行っても、
このくっつき虫にまんまとしてやられる。
地域によって、チクチクボンバーなんて呼ばれ方も。
花は可愛いだけに、ちょっと憎たらしい。

別名：泥棒草
開花：秋
背丈：50～100cm程度
分布：日本全土
花言葉：悪戯好き、味わい深い、近寄らないで
原産地：不明
生育地：公園、荒れ地、河原、道ばたなど

痛過ぎず、強過ぎず、そのチクチク具合、あえて？

「なんか痛い」「チクチクする」と言って、子どもが靴下やズボンを脱いだら、大抵このコセンダングサの種がついている。先が二股に分かれている、細長くて茶色い小さなものが、それだ。花が咲いた後、種はチクチクの部分を広げて丸くなる。例えるならタンポポの綿毛の部分がチクチクになっている。種子の先には2本の棘があり、その棘は魚を突く銛などと同じように返しがついており、簡単には抜けないようになっている。しかしコセンダングサが上手いのがここから。その棘は細くて脆い。服に刺さると簡単には抜けないが、手で払われればポキリと簡単に折れて落ちる。チクチク加減も、瞬間的に「痛っ！」という痛さではなく、ずっと気づかないほどでもない。うっすら、チクチク。そのさじ加減が絶妙だ。地味で小さいので服についてしばらくは気づかない。でも歩くうちに「あれ？」と痛みで気づいて、パンパンその場で払われれば見事、棘部分の任務は完了。洗濯してもはがれ落ちないほどの面ファスナー力のヌスビトハギや、いかにも目立ってすぐに落とされるオオオナモミとは違い、数十メートル、時には数百メートル程度移動する。もしこれが計算の上だとしたら、相当すごい。

茎

茎はほどよく固い。丈夫さはあるものの、軽くしなる。種がくっついていく時に適度に逃げる弾力だ。

葉

葉は格別これといった主張のない形で、痛くもなく、むしろ柔らかめ。枝振りの割に小さい。

花

花はマリーゴールドのような色の花を咲かせる。一つの株で枝分かれし、たくさん四方に花をつける。

栴檀（センダン）とはまったくの別物

「栴檀は双葉より芳し」という諺がある。栴檀は双葉のころから香りがあるように、大成する人は幼い頃から優れている、という意味。ここで言われる栴檀とは白檀のこと。その葉の付き方に似ていたことから、コセンダングサと名付けられた、と言われている。くっつき虫の中では、成功しているコセンダングサの仲間も多い。湿った場所ではアメリカセンダングサがあり、種の部分がもう少し平べったく、クワガタの頭のような形をしている。また白い花びらのコシロノセンダングサという変種も発生。人や動物にくっついて種を運ばせる戦略を持つ雑草の中では、かなり勢力を広めている。

生え方

大体、荒れ地で草むらになっているところに生えていることが多い。犬の毛などにもよくついている。

種

花が終わった後、こういった形になって四方、どこから動物や人が近づいてもくっつける角度になっている。

コセンダングサを摘んだら

やっぱりくっつき虫は、くっつけて遊ぶのが王道。丸いままの状態で投げつけたり、どのくらいの固さの服までくっつくかなど実験するのもいい。フリースやセーターは取るのが大変だけど…。

コセンダングサに似た植物

【アワユキセンダングサ】

コセンダングサは変種が多い。白い花のコシロノセンダングサ、アワユキセンダングサなどがある。性質は同じ。

CHICKWEED

Stellaria media

ハコベ［蘩蔞］

ナデシコ科　一年草、越年草

見つけやすさ　♦♦◇

愛らしい小さなスター

足元に咲く小さな白い花のハコベの
学術名は「スター」。
種類も多く、大抵が食べられる。
実は薬効もあり、昔は歯磨き粉にも使われた。
ひよこやウサギも大好きな花。
やっぱりスターはみんなの人気者だ。

別名：ひよこ草、すずめ草、朝しらげ、日出草
開花：早春〜秋
背丈：10〜30cm程度
分布：日本全土
花言葉：愛らしい、初恋の思い出、追想、ランデブー
原産地：日本在来
生育地：田んぼのあぜ、公園、道ばたなど

花びらが10枚ある？　それとも5枚？

スターと名付けられたハコベ。華やかな花がたくさんある中で、わざわざこんな小さな花にスターの名を付けた昔の人に、ハコベに対する特別な想いを感じる。ところで星形と言えば角が5つなはずなのに、ハコベの花びらは一見すると10枚あるように見える。でも実はウサギの耳のような形の花びらが5枚集まって10枚に見えるだけ。花びらを多く見せることで目立たせて、昆虫を呼んでいる。ちなみに花の花びらは大抵のものは4枚か5枚が一般的。花にとっては大きな花びらや、数多くの花びらを咲かせることは体力のいること。だからなるべく体力を使わずに、花を目立たせる戦略を打っている。タンポポやシロツメクサのようにたくさん花びらがあるように見えるものも、一つ一つの小さな花が集まっていることが多く、そうやって花を目立たせている。

昔から人の傍にあり、活用されていた雑草

春の七草の一つ、ハコベを食べるのは人間だけではない。「ひよこ草」の別名通り、柔らかな葉っぱをヒヨコが喜んで食べることから名付けられている。もちろん牧草を好む牛や馬、ウサギなども大好きな草花の一つ。ハコベには炎症を抑える薬効があると言われ、虫歯や歯槽膿漏などにいいことから、昔は塩を混ぜて歯磨き粉としても使われていた。

茎

茎も柔らかく、ピンと真っすぐ立っているというよりは、背丈が出るとなんとなく横に這って行く。

葉

葉は花を守るように密集して生える。葉は肉厚で柔らかく、筋張っていないため食べやすい。

花

クローズアップして見ると、本当に可愛らしい花。てんとう虫や蜂などに蜜を与えて、花粉を運んでもらう。

都会でも、田舎でも、コツコツ地道に増える派

野原などに多いイメージのあるハコベは、案外都会にも強く、アスファルトに囲まれた街路樹の根元や、道路の隅などに生えていたりする。種子の表面には突起があるため、人の靴底などにくっついて広がることが多い。つまり、踏まれてなんぼ、の雑草だ。小さな愛らしい花から守るべき存在のようなか弱さを感じるが、今も変わらず細々と現代社会を生き抜いている。まるで市井のヒーロー、市民の星のような存在だ。

生え方

密集して生えていることが多いが、都会ではアスファルトの隙間などから単独で生えてることもある。

ハコベを摘んだら

ハコベは大人よりも小さな子どもこそ見つけやすい。花が可愛いため「はい」と花たばにしてプレゼントしてくれる子もいるかもしれない。大人には小さいので「ゴミ？」と思うかもしれないが、よく観賞してみて。持ち帰って七草がゆにも使える。

ハコベに似た植物

【ハコベの仲間】

ハコベには種類が多く、写真は大きめのウシハコベ。全身が緑色の「ミドリハコベ」、茎が赤紫の「コハコベ」、小さいのが「ノミノフスマ」。

【ノミノツヅリ】

一見するとハコベに印象が似ているが、花に切れ込みがないのが大きな違い。ハコベと間違える人が多い。

JERSEY CUDWEED

Gnaphalium affine

ハハコグサ［母子草］

キク科　越年草

見つけやすさ　◆◆◇

ふわふわ温かな日だまり

母子が手をつないで日だまりを歩いているように、ふわふわと温かいイメージ。
うっすら毛が生え、ヨモギ同様、お餅などに入れて食べられる。
地味なので見逃しがちながら、案外どこにでも生えている。
ちなみにもっと地味な見た目の「父子草」という種類があるのも話題として面白い。

別名：ごぎょう、もち草
開花：春から初夏
草丈：10〜35㎝程度
分布：日本全土
花言葉：無償の愛、いつも思う
原産地：日本在来
生育地：道ばた、畑など

春の七草の「御形」

ハハコグサは道ばたや田んぼなど、割とどこでも気軽に見つけられる野草。3月頃から黄色い花を咲かせ、全体が白っぽい毛に覆われているのが特徴だ。このハハコグサは、春の七草のうちの一つ、「御形」(ごぎょう)にあたる。「御形」と呼ばれているのは、厄除けのために、人形(御形)を川に流したひな祭りの古い風習が関係しているといわれている。昔はハハコグサの毛が餅に絡みついて、ちょうどいい粘り気のあるつなぎの役割を果たすとして、桃の節句にハハコグサを使った「母娘餅」が作られていた。内臓や咳に効くといわれ、いい香りもするので、菱餅の緑の部分も昔はハハコグサで作られていたが、母子を杵でつくのは縁起が悪いと、いつの間にかその役割をヨモギにとって代えられたという。

たくさんの別名を持つ

ハハコグサは多くの別名を持っている。先に述べた「御形」のほかにも、おぎょう、もちよもぎ、もち草、黄花草、しりつまり草、殿様よもぎ、カラスのお灸、乳草など。そのくらい身近で、よく使われてきた植物とも言える。ちなみに、ふさふさした毛を全体に生やしているのは、病気や雨などから身を守るため。毛がたくさん生えている方が、虫にもかじられにくく、雨も弾いてくれる。ハハコグサは、白く柔らかい毛で覆われ、春の陽だ

茎

柔らかい白い毛に覆われ、手触りはまるでフェルトのよう。雨や寒さからも身を守ることができる。

葉

葉はヘラ形で細長く、互い違いに生える。冬は低く地面に這って広がっている。

花

小さな粒のような形状の花が集まって一つの花に見せている。黄色い花を咲かす。

まりに咲く可憐なイメージから母娘をイメージしたといわれている。ほかにも有力な説として、綿毛の種子がわらわらとこぼれて飛んでいくことから「ほうける」、ホウコグサ、やがてハハコグサになったともいわれている。また冬はロゼット状（平べったく葉を広げている形状）で育つため「這う子」という説も。

ハハコグサならぬ、チチコグサも？

実は「父子草」と名付けられたものもある。ハハコグサに比べると花は茶色で背も低く、地味で全く目立たない。痩せて貧相なイメージだ。しかも、このチチコグサは見つけにくく、よく見つかるのはチチコグサモドキという別の種類。こんな冴えない花を母子に対して父子と名付けたなんて、なんだか少しかわいそうな気もする。

種

種は綿毛にのって飛んでいくが、タンポポのようにまとまった形状で一度に種にならず、次々とあふれるようにこぼれては飛んでいく。

生え方

木の根もとや、花壇の脇、公園の隅など、なにしろ控えめにひっそり生えている。黄色もタンポポよりは弱々しい。

ハハコグサを摘んだら

ハハコグサは特に何かして遊ぶというものではないけれど、小さな子どもならフワフワした手触りだけでも楽しい。また気軽に見つけられ、弱い力でも摘みやすく、見た目のかわいい花だ。昔の行事に習って、人形に見立てて川に流してみるのもいい。

ハハコグサに似た植物

【チチコグサモドキ】

チチコグサモドキは、キク科ハハコグサ属の植物。ハハコグサに比べると地味なため見つけにくい。

SHEPHERD'S PURSE

Capsella bursa-pastoris

ナズナ［薺］

アブラナ科　越年草

見つけやすさ ◆◆◆

傷ついて味がよくなるぺんぺん草

春の七草の中で、もっとも味がいいとされるナズナはアブラナ科で菜の花の仲間。

別名「ぺんぺん草」と言われるように、田畑をほっておくと、すぐに生えてくるため、「貧乏草」の別名も持つ。

でも今の時代なら、手入れもせずに、おいしい葉っぱが生えて来るなら、恵みの草。食べられる雑草の代表格だ。

別名：ぺんぺん草、三味線草、貧乏草
開花：春～初夏
背丈：10～50㎝程度
分布：日本全土
花言葉：すべてを捧げます
原産地：日本在来
生育地：田んぼのあぜ、道ばた、河原など

春の七草といえばコレ

ナズナの名前の由来は「愛でる菜」「撫で菜」と言われるように、もとは「菜」がつく。七草がゆのいい香りはセリのイメージがあるが、もっとも味がいいのはナズナと言われている。おいしいのは葉の切れ込みがあるもので、冬を越す際に切れ込みが深くなってしまうが、その分、甘みが増している。もし七草がゆにしたいなら、葉の部分に注目してみたい。

どうして「ぺんぺん草」と言う？

よく根こそぎ奪われて、その後に何も残らない様子の喩えを「ぺんぺん草も生えない」なんて言うが、ナズナはアブラナ科で、荒れ地によく生えるのはキク科。もしもしばらく放置して、そこにキク科の植物も生えないとしたら、それこそ相当なものだ。ではナズナはどうして「ぺんぺん草」と呼ばれるようになったのか。ナズナの実は平たい三角形で、まるで三味線のバチのよう。そんなことから三味線の音に例えて「ぺんぺん草」と名付けられた。この名前、子どもにすれば相当に覚えやすい。赤ちゃんがペンギンのことを「ペンペン」、またはお母さんが「お尻ペンペン」というように、可愛いオノマトペになっている。種ができたナズナを手で軽く握って通すとサラサラと音もする。英国では「羊飼いの財布」なんて呼ばれているのも可愛い。

茎

茎はしっとり柔らかい。風によく揺れるが、しなりもいい。子どもの力でもポキリと素手で摘み取ることができる。

葉

葉っぱは下の方から生えている。成長すると花のついた上の部分が伸びて行き、葉は目立たなくなる。

花

花は数ミリサイズの小ささながら、よく見るとハコベにも劣らない可愛らしさ。1本で小さな花をたくさんつける。

春の訪れを知らせる

河原や田んぼに黄色の菜の花が咲く頃、ナズナもたくさん花を咲かせる。菜の花に比べると、もっと小さく、花の色も白くて目立たないが、質感は菜の花にそっくり。菜の花の花の部分をちらし寿司の上に飾ったりするのも楽しいが、ナズナも食べられる花。小さな花をマグロのお刺身の上にでも子どもに飾らせてもキレイだ。ナズナは荒れ地やアスファルトよりも、田畑や河原などを好むもの。菜の花が咲く風景に里山を感じるように、ナズナにもノスタルジックな原風景がある。それは「ぺんぺん草」で例えられるような風景ではなく、緑豊かな日本の里山。いつまでも子どもがナズナを好きなだけ摘める環境を守りたい。

種

一見すると小さな葉っぱのようなこの三角の部分が種子。熟すとパラパラと周辺に種をこぼす。

生え方

河原や田畑の周辺などに大体、群生する。早春に多く見られ、夏前には姿を消し、ロゼット状になって冬を越す。

ナズナを摘んだら

やはり食べてみたい雑草の筆頭。それほど苦みもないので子どもでも抵抗なく食べやすい。七草がゆに入れてもいいが、鉄火丼、オムライスやチキンライスの上に花を散らしても可愛い。

ナズナに似た植物

【イヌナズナ】

ナズナの仲間の一年草。花は黄色く、食べないナズナという意味で「イヌ」がつけられた。見た目は小さな菜の花のよう。

野の草花で自然遊び

自然の形は無限。野の草花を摘んで飾った後は、こんなことをして遊んでみるのもおすすめ。

虫眼鏡でアップにして見る

顕微鏡を持ち歩くことは難しいけれど、虫眼鏡なら何処へでも持っていける。その虫眼鏡でありふれた花や葉を見るだけで、小さな子どもは大興奮。大人もその美しさにみとれるかも。

花氷を作ってみる

タッパなどに花や葉っぱを入れて、水を入れて冷凍庫で凍らせるだけで、キレイな花氷の出来上がり。テーブルの上に飾るもよし、食べられるハーブなどを入れてアイスティーに入れてもいい。

葉っぱを色や形別に並べてみる

葉っぱを並べるだけ？と思うかもしれないけれど、落ち葉や生えている葉っぱを集めて、色別、形別などに並べるだけでも小さな子には面白い自然遊び。今まで目を向けていなかった葉っぱが案外、さまざまな形や手触りに満ちていることに気づかされる。

葉脈を形に残す

葉っぱの葉脈を粘土にギュッと押し当てると、化石もどきのものが完成。実は、陶芸家なども使う技で、ただ押しただけなのに、美しい模様ができたりすることも。泥遊びでも可能。

花から色水を作る

お花を飾ったり、観察したりが終わったら
お花で色水を作ってみるのも
子どもが大好きな遊び。

ヨウシュヤマゴボウは食べると毒があるが、色はよく出る

色水の作り方

ヨウシュヤマゴボウの実、アサガオ、ペチュニア、サルビアなど色が出やすく、たくさん手に入る花を多めに用意。

1. 破れにくいチャック付きビニール袋に花を入れ、少量の水を入れて、よく揉む。

2. 色水ができたら、花びらを絞って取り除き、色水だけをペットボトルなどに保存。

布を染める

草木染めのように、色の濃い花水からハンカチや毛糸などを染めても楽しい。

絵を描く

濃いめに出た花水があれば、筆で水彩絵の具のように絵を描くこともできる。

押し花に してみる

飾って枯れてしまう前に、押し花にして
透明なフレームに入れて飾ったり、
並べて絵にしたりしても。

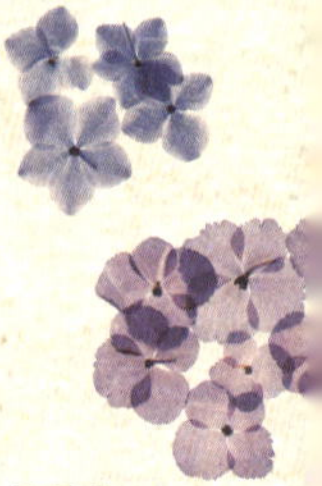

押し花の作り方

1.

水分がちゃんと飛ぶように、まずは新聞紙とキッチンペーパーそれぞれにアイロンをかけておく。

2.

新聞紙の上にキッチンペーパーを載せて、半分側に押し花にしたい花や花弁などを並べ、二つ折りにする。

3.

本などを重しにして1週間ほどしたら完成。

今はあまり見かけない道草

よく、「踏まれても踏まれても立ち上がる雑草魂」というように例えられるが、実のところ、大抵の雑草は踏まれても立ち上がらない。立ち上がるのに無駄な力を使うよりも、そこで生き延び、子孫を残す方を優先するためだ。

一見すると茎が丈夫で折れにくい雑草の方が、すぐに折れたり曲がったりする雑草よりも強いイメージがあるが、丈夫さゆえに根こそぎ抜かれてしまうこともある。それよりもトカゲのしっぽのように簡単に折れて取れることで、根っこは残して生き延びる戦略の方がしたたかな戦略かもしれない。刺があり、茎も丈夫で強そうで、あんなに昔はどこにでも生えていたオナモミが今や絶滅危惧種であるように本当の強さは見た目では分からない。また本来は大人しく数も少なかった植物が、海外に渡った途端、環境がガラリと変わって敵なし状態で猛烈に増え、見た目も性格も大きく変わることがある。…なんだか人間でもよくある話だ。

雑草の強さは、置かれた環境の中で生き延びる強さ。そして同じ種類でも、咲く時期や背丈が違う。その多様性こそが強み。乾燥に強いもの、日陰に強いもの、そこで繁栄している雑草が、その場所の環境を表している。昔はあった「秋の七草」も今ではほとんど見かけない。農耕民族である日本人は、昔から多くの野の草花から、多彩な淡い色彩を見出し、文化を育んできた。雑草は多様性の宝庫。そんな雑草すら生えない場所なんて寂しいものだ。すべてをアスファルトで埋め立てた公園を作る人は、あまり子どもの頃に草花と遊んだ楽しい経験がないのかもしれない。

疲れてうつむいた時、ふと目に止まった小さな花が案外、励ましてくれることもある。よくまあ、こんな場所でと感心させられる。雑草と人間はよく似た存在。お互いになくてはならない存在なのだ。

［監　修］稲垣栄洋
［　絵　］加古川利彦

［編　集］山下有子
［デザイン］山本弥生

子どもと一緒に覚えたい 道草の名前
2017年5月1日　第1刷発行
2020年8月25日　第5刷発行

発 行 人　山下有子

発　　行　有限会社マイルスタッフ
〒420-0865 静岡県静岡市葵区東草深町22-5 2F
TEL:054-248-4202

発　　売　株式会社インプレス
〒101-0051 東京都千代田区神田神保町一丁目105番地
TEL:03-6837-4635

印刷・製本　株式会社シナノパブリッシングプレス

乱丁本・落丁本のお取り換えに関するお問い合わせ先
インプレス　カスタマーセンター
TEL:03-6837-5016　FAX:03-6837-5023
乱丁本・落丁本はお手数ですがインプレスカスタマーセンターまでお送りください。
送料弊社負担にてお取り替えさせていただきます。
但し、古書店で購入されたものについてはお取り替えできません。

書店／販売店の注文受付
インプレス　受注センター　TEL:(048)449-8040　FAX:(048)449-8041

 ISBN978-4-295-40069-1　C0045